西方建筑结构七讲

The Science of Structural Engineering

西方建筑结构七讲

[英] 雅克·海曼 著

周克荣 译

同济大学出版社
TONGJI UNIVERSITY PRESS

The Science of Structural Engineering

Jacques Heyman

中文版序言

这是一本关于结构工程学科发展历史的著作。对于非结构工程专业背景的读者来说，这本书一改专业教科书的枯燥；令人读来生动易懂、趣意盎然。而对于结构工程专业背景的读者而言，这本书也绝不是一本给外行看的简单科普读物；书中连贯的历史演绎和深刻的哲学逻辑必定会使每一位专业读者对结构工程学科产生更为纵深和更为宽广的思考。

千百年来，在人类波澜壮阔、可歌可泣的建造行为中，建筑成果的艺术属性和工程属性始终并存、不可分离。人类在通过建造物表达其精神追求的同时，也通过建造物体现其发现并驾驭自然束缚力的努力。结构技术的不断创新突破贯穿着 2000 年人类建造的历史。而自现代结构工程学科诞生以来，结构工程技术的进步更是一日千里。人类近两个世纪以来的建筑辉煌基本都集中表现在结构工程和建造技术的进步上。

作为一部史书，本书从其连续不断的线性历史叙述中必然会引发读者对于未来的思考。在结构工程技术不断进步的历史中，始终浸透着人类通过技术的突破来表达的人类关于美、关于理性逻辑等精神层面的追求。那么今天，随着人类对于自然束缚力的驾驭能力不断地提高，简单的高度和跨度的突破已不再是结构工程师难以跨越的天堑，人类无限的想象力和创造力加上计算技术的飞快发展推动着新型结构形式的不断涌现，自然束缚力的极限被不断突破，透过结构工程技术的进步而体现出来的当代精神追求是什么？绿色、可持续等道德层面的思考会影响结构工程学科明天的发展吗？结构工程技术明天将会向着什么方向“进步”？

作为本书中文版的第一个读者，我希望所有读者，不论是专业读者或非专业读者，都不要仅仅将其作为一本趣味读物——尽管作为一本专业读物，其作者的确将我们带入了一个非常有趣的阅读境地——而应更多地带着历史的眼光去思考一个古老学科的未来发展问题。

是为序。

伍江

法国建筑科学院院士

同济大学副校长、建筑学教授

2016年3月8日

自序

按照以往的传统，木桌的设计一直都是工匠的事。时尚可以改变木桌的样式，但不论桌腿的形状如何装饰，其尺寸都必须充分满足常规使用要求，譬如有时人会坐在或站在桌顶上。在桌子之类的设计中，用不到高等数学，然而这未必能阻止科学家和工程师（这两种职业的差别在本书的第 1 章中陈述）试图确定力是如何从桌顶传递到地基的。实际上，当传统的木材被塑料或轻质金属材料替代时，这样的分析是有用的——如果桌腿要满足承载的要求，那么必须认真对待设计。

桌腿的设计对结构工程师来说是一个简单而又典型的问题。首先，必须计算桌腿承担的荷载；其次，必须确定桌腿的尺寸足以承担荷载。显然，这两个设计步骤可能都很困难。用专业化的术语来形容四条腿的桌子——它是超静定的。由三条腿支撑的桌子比较容易分析，加上第四条腿后就令问题变得复杂许多。如果有人站在偏离桌子中心的某个点上，此人的重量是怎样分配到四条腿上去的？不经过一系列复杂的计算无法确定答案，而如此系统的计算就构成了“结构力学”的主要内容。第二个步骤，即选定桌腿的尺寸使其能承受所受的荷载，则形成了“材料力学”学科的部分内容。有时，上述两个步骤不能截然分开。

炎热的夏夜，在餐馆外面用过餐的人可能遇见过一种情况——活动的餐桌被放在了地坪上。桌子的摇晃真是麻烦（无论是对用餐者还是结构设计者），说不定什么时候一条桌腿可能就离开地面，不能再承担任何荷载，而另三条桌腿就不得不支承桌子自身和摆放物品的全部重量。也许走过的服务生还会碰到桌子使它改变位置，桌子又换一条腿离开地面。老练的服务生会将一个葡萄酒瓶的软木塞沿纵向倾斜地切成两个楔子，将一个楔子塞在那条不老实的桌腿下，这条桌腿就不再支承在硬实的地坪上，而是支承在柔软的基础上。如此一来，各个桌腿中力的设计值如何分配？哪条桌腿可能不承受荷载？哪条桌腿被刚性地支承或支承在柔软的基础上?

这个问题可以用塑性理论来回答，本书第 7 章，也就是最后一章，会就该问题进行讨论。塑性理论产生于 20 世纪，它为不能弄清确切状态的结构（如四条腿的桌子）提供了一种设计方法。除一些极端情况外，所有的结构基本属于这种类型。以往设计人员在分析模型的计算过程中不考虑这样的复杂情况。结果，那些计算得到的数值（例如应力值）与实际结构中观察的不符。

本书的 7 个章节，用非数学的语言对结构理论的各个方面进行了叙述。叙述大体上按照时间的顺序进行。在某种意义上，这 7 个篇章共同构成了该学科的简史。但是本书的写作目的并非评判过去，而是为了对当今结构工程师的工作有所启发，并展示如何将更多的科学资料创造性地运用于设计。

注：书中未给出详细的参考书目。诸如欧拉在 1744 年解决了压屈问题这类令人感兴趣的事件，虽然日期标注出来，但只有较为执著的学者，才会想去查询拉丁文的原著。完整的历史性文献清单可以查阅雅克 · 海曼所著的《结构分析：一种历史学方法》（*Structural Analysis: A Historical Approach*），1998 年剑桥大学出版社出版。《石骨架》（*The Stone Skeleton*），1995 年剑桥大学出版社出版，则为砌体结构提供了参考文献。

目录

第1章

土木工程师

大不列颠的第一位现代土木工程师是约翰·斯米顿（1724 – 1792），于1994年悬挂在威斯敏斯特教堂北侧走廊的一块牌匾用文字记述了他一生的成就。上方的橱窗还悬挂有本杰明·贝克爵士（福斯桥）、帕森斯（汽轮机）、开尔文勋爵和亨利·罗伊斯爵士的纪念牌匾，附近是托马斯·特尔福德、詹姆斯·瓦特、伊桑巴德·金德姆·布鲁内尔以及乔治和罗伯特·斯蒂芬森的纪念碑。这是教堂的“工程师角”。近在咫尺的是建筑师（乔治·吉尔伯特·斯科特爵士，夏尔·巴里爵士，约翰·皮尔逊）、科学家和数学家的墓碑，其中，牛顿墓碑庄严肃穆恰如其分。

建筑师、工程师、科学家和数学家确实应该集合在一起。通常这四种专业会同时包含在一项工作之中，很难区分工程师和科学家的工作——工程师也采用牛顿的数学和法拉第的物理定律，他们和科学家用共同的专业语言描述他们处理问题的工具。然而，两者利用工具的方法不同。科学家利用这些工具来加深对自身学科的理解。而工程师则将其应用于工程实践中，不论是设计涡轮叶片、电子电路和射电望远镜，还是在英吉利海峡下开挖隧道，亦或建造大型建筑——哥特式大教堂或钢框架摩天楼。

为自己的工程项目建立理论基础成为推动斯米顿取得科学成就的动力，正是在这个意义上他可以被称为现代工程师。斯米顿的成就在他年仅28岁时就获得了认可——其当选为英国皇家学会会员。在17世纪，英国皇家学会和法国科学院的“科学”研究成果无疑应该可以立即在实际中得到应用；这也的确是弗朗西斯·培根“新哲学”的完整意图。然而，“科学”与“工程”之间的裂痕迅速扩大，早在1783年，剑桥大学就设立了一个自然实验哲学教职以保证工学作为一个独立的学科发展。为了向年轻军官传授水力学、土方工程和测绘知识，1749年初，法国在梅济耶尔建立了一所专业性大学（并在19世纪来临前建立了大学和理工学院）。

然而，18 世纪的大学所传授的理论对于那些“为了人类的需求和便利而掌管自然界中巨大动力来源的技术”（土木工程师学会第一任主席托马斯 · 特尔福德 1828 年语）的工程师来说是不够的。作为一个受过良好学校教育的大项目工程师，不得不被迫亲自做实验以建立自己的科学理论。斯米顿尤其喜好阅读，他的藏书包括来自英吉利海峡两岸的主要著作（当然包括牛顿的《自然哲学的数学原理》（*Principia*）、贝利多的《水利建筑学》（*Architecture hydraulique*，1735 年）、德萨居利耶的《实验哲学》（*Experimental Philosophy*，1744 年）和维特鲁威的著作，等等）。然而，众所周知，大量的工程问题亟需解决，英国皇家学会和法国科学院时常悬赏用以征集解决这些问题的方案。

18 世纪结构工程的普遍四大问题是梁的强度、柱的强度、拱的推力和土压力（即挡土墙后的土的性能，该问题目前归属于土力学领域）。从梅济耶尔毕业后不久，当夏尔 · 库仑作为一名青年军官被派往马提尼克岛，修建防御工事时，他发现自己缺乏关于这四大问题的理论知识。为了设计防御工事，他需要找寻答案，所以 9 年后，当夏尔 · 库仑从海外回到巴黎时，他用一篇著名的论文（1773 年）向法国科学院证明了自己在理论方面的建树。该论文的第四节内容对土力学学科作出了基础性的贡献，库仑也因此被工程师们视为该学科的奠基人。后期因为其在电荷方面的贡献，夏尔 · 库仑被物理学家们所铭记，但这些物理学家并不知道他也是位土木工程师。

像库仑一样，斯米顿感兴趣的课题范围很广，他向英国皇家学会提交了自己的科学著作。1750 – 1788 年间，斯米顿在《哲学汇刊》（*Philosophical Transactions*）上发表了 18 篇论文（库仑在 1773 – 1806 年间向法国科学院宣读了 32 篇论文）。在论文中，斯米顿关注于三个方向的课题研究：仪器、天文学和力学。他对航海、天文观测和仪器制造都表现出浓厚的兴趣，在其职业生涯的早期和晚期，关于这些学科的论文既严谨又复杂。然而，在已发表的论文中，有三篇论文是属于不同范畴的，它们涉及理论力学方面的基本问题。

在1759年，因为《关于用自然水力和风力转动碾磨机的实验研究》（*An Experimental Enquiry Concerning the Natural Powers of Water and Wind to Turn Mills*）这篇伟大论文，斯米顿被授予科普利奖章，这是英国皇家学会对原创性研究所颁发的最高奖赏，而当时斯米顿年仅35岁。库仑的研究工作集中在固体力学方面；斯米顿的研究则侧重于流体力学，这又是一门可用于工程设计但尚未建立体系的基础科学。斯米顿熟知已有的法国理论，他用自己的实验清楚地证明这些理论错在何处。事实上，在这个时期，斯米顿的理论研究并没有解决一些基本问题，而10年后，由于法国人博尔达在数学方面获得的成就，叶轮机最终出现。在1759年，动量、能和功的概念还很模糊，应该如何用数学方式表达它们？斯米顿在分析研究方面取得长足进展，因此能够对碾磨机进行正确的设计。

以上所有的科学工作反映了当一个工程师为了解决前所未遇的问题，不得不面临因扩展基础科学知识储备所引发的困难。斯米顿的18篇论文本身是有价值的，表明他对自己的专业所做的贡献——建立了可以被理解、传授并被后继者采用领会的思想。实际上，这些论文只是设计和实施大量土木工程业务的副产品。

也许斯米顿最著名的作品是1756年9月他设计的第一座灯塔——埃迪斯通灯塔。他亲笔撰写《埃迪斯通灯塔设计记叙和施工说明》（*Narrative of the Building and a Description of the Construction of the Eddystone Lighthouse*），并于1791年成书出版。该书阐述了一名土木工程师是如何取得一些新成就的。受托人必须同意用石头建造房子；斯米顿亲自去普利茅斯测量该地的岩石（为此他发明了自己的测量设备）；对每层石块采用独特的交错砌筑方式来提升结构整体稳定性；经过试验，最终确定石灰与白榴火山灰的详细配合比，形成一种能在海水中结硬的砂浆；考虑风和海浪的影响，对灯塔采用连续弯曲的外形。最后，斯米顿确保该项工作得到有效的执行——工程师的任务并不只限于提供设计理念，也不只是运用计算和制图对这些理念进行包装后即告结束，工程师必须保证项目取得预期效果。

在埃迪斯通灯塔完成后的20多年里，即从1760至1783年，斯米顿承接了满满的工程项目。他设计了50多个水车和风车，还有10来个用于供水和泵水的蒸汽机。这些当代称之为机械工程的项目引发了动量和能方面的问题，他尝试去找到这些问题的解答。在土木工程领域里，斯米顿设计了4座大的公共桥梁，其中3座精美的砌体拱桥位于科德斯特里姆、珀斯、班夫，还有6座用石材或砖建造的小桥和两条渡槽。斯米顿对福斯和克莱德运河的运行发挥了积极作用；为持续改善一些河流的航行作出了贡献。同时，他的工作还涉及大型港口、码头和沼泽排水系统。在1760年之前，土木工程专业几乎不存在，10年后，如现代咨询工程师一类的职业已基本形成，斯米顿正是其中的杰出代表。同现在一样，咨询工程师们去往需要且能够施展个人才能的地方。他们根据所掌握的知识进行各项设计，当知识储备不足时，积极开展理论和实验研究，为自身学科的发展作出贡献。如果必要的话，工程师还会配备助手，从而保证工作的正常进行。

工程师无法单独工作。前面提到的于1828年建立的土木工程师学会就是用来交流各种专业信息的渠道。更早之前，在1771年，一个非正式的土木工程师协会就已经建立，斯米顿是创办人之一。他定期参加会议直至逝世，自此之后，该团体更名为斯米顿协会。实际上，它更类似于一个18世纪的餐饮俱乐部，今天依然如故。然而，该俱乐部具有一个重要功能——为民用的而非军用的土木工程师们提供讨论和交流工作进展的场所。

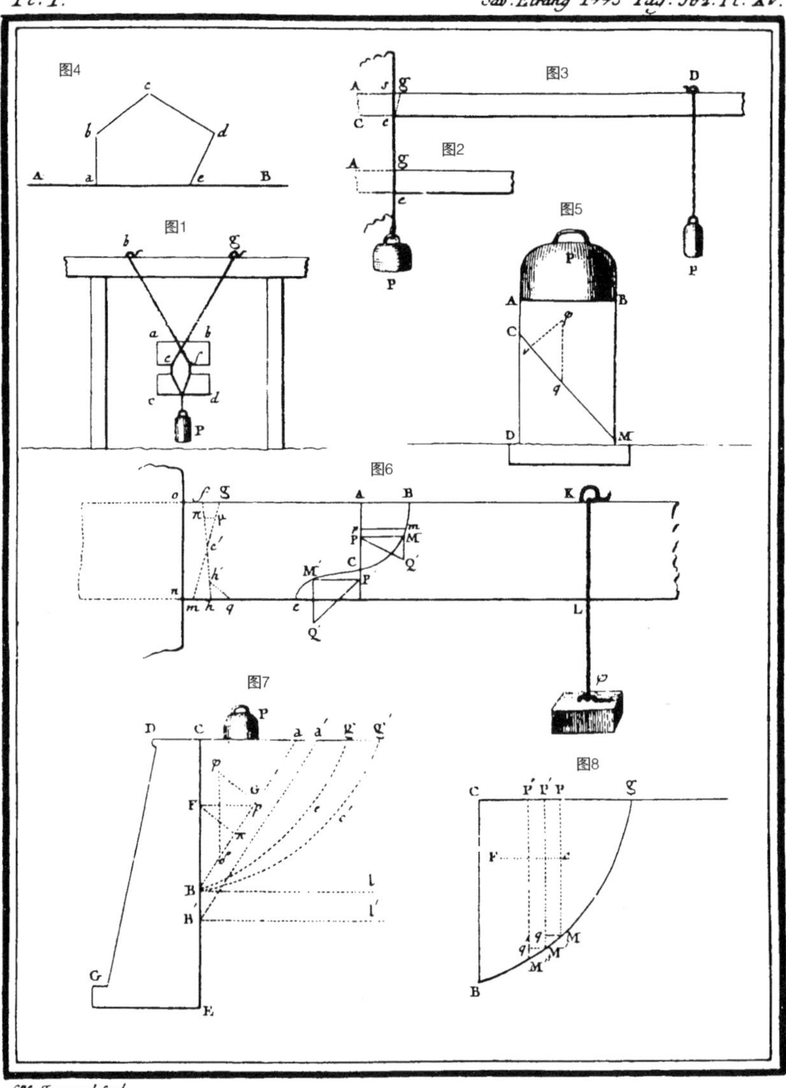

夏尔·库仑第一篇科研论文

夏尔·库仑于1773年向法国科学院提交了第一篇科研论文，该论文于1776年发表。左图展示了库仑讨论的4个问题中的3个，关于讨论砌体拱问题的插图绘制在另一页。

图3所示的梁，左端埋置在墙内，承受的一个荷载靠近其自由端——该悬臂梁的破坏荷载如何计算？图1所示的拉伸试验能给出材料的断裂强度——这个断裂强度与该梁的弯曲强度一致吗？库仑给出了预测的方法，根据图6提出了他的理论。

类似的，库仑对图5中竖直受载石柱的破坏荷载计算进行了研究，显示断裂是沿着斜面CM发生，斜面的角度可以根据材料性能来预测。

库仑研究的第3个问题是背后填土的挡土墙设计，见图7。设计该墙必须计算土的压力，库仑于1773年提交的论文被认为奠定了土力学学科发展的基础。

梁的强度、柱的强度、土压力和拱的推力，是18世纪土木工程中最重要的四大问题。它们源于军事领域，产生于防御工事的设计过程中，但相应的解决方案则拓宽应用至更普遍的结构工程领域。

SECTION *of the* EDYSTONE LIGHTHOUSE *upon the* E & W. *Line, as relative to* No. 8.
on Supposition of its being LOW WATER *of a* SPRING TIDE.

埃迪斯通灯塔（斯米顿绘图的雕板）

埃迪斯通岩礁是红色花岗岩的暗礁部分，位于普利茅斯以南14海里。它们大部分被大潮所覆盖，对船运一直构成威胁。1696年在岩礁上建造的第一座灯塔毁于1703年的一场暴风雨。第二座灯塔用木材建造，于1709年完工，1755年被火烧毁。31岁那年，斯米顿奉命设计一座新灯塔，此时他尚未出名。斯米顿决定采用石材建造灯塔，一则石材的重量能够抵挡风浪，二则石材可以防火。

斯米顿面临的首要问题是如何将石头牢固地锚在岩礁基石上。在基石内凿出6个台阶，在这些台阶里填上巨大的石块，它们的重量在一两吨之间，石块榫接在一起直到基石。第7级石块是灯塔中第一个完整的砌筑层，外层石块材料是花岗岩，内层则是波特兰石头。房子的入口在14级，螺旋楼梯通往24级上4个相通房间，这些房间用半圆形墙围护，墙体为单层花岗岩砌块。4个房间之间的垂直交通采用活动的梯子。

灯塔于1759年投入使用，运行了一个多世纪之后，由于基石出现严重问题而停止使用。斯米顿塔本身状况良好，在1882年一座替代的塔完工后，斯米顿塔的上部被取下并在普利茅斯高地重建。

第2章

前“科学”理论

1400年在米兰召开的专业会议的备忘录中有句话："Ars sine scientia nihil est"（光有实践没有理论是不行的）。显然，这里的"scientia"一词并不能承载现代的、与物质世界有关的思想体系的全部意义。今天的"science"（科学）一词或多或少地含有标准程序的意味：进行观测，建立假说，设计实验证明假说成立或不成立，做一些数学分析，最终建立一个用来解释过去的观测并预测新结果的理论。牛顿的万有引力理论即如此，可以用假定通用的平方反比定律来解释观察到的行星轨道，然后能精确地或接近于精确地预测将来的运动。虽然这一定律与牛顿宇宙学存在微小偏差，有待用爱因斯坦理论来解释。

巴比伦天文学当然是一门科学，在公元前1000年和公元前500年间建立。它是以日复一日地对太阳和月亮（及行星）位置的精确观测为基础的，然后人们制作数值差分表，根据该表可预测天体未来的位置。此外，一旦确定月亮和太阳的运动轨迹，就不难预测月亮何时运行到地球背着太阳的一面，何时运行到地球和太阳中间——因此能建立月食和日食的时间表。

中世纪建筑的"scientia"则是这样一种情况，这个词具有学术和学习的含义——通过工程实践和研究获得知识。将知识或"理论"加以记载，可以用于新的工程设计；编制成一套建筑法规，这些理论记录了过去成功的设计所用的方法。米兰备忘录中所用的"ars"一词是有关泥瓦匠的实用知识。因此，"Ars sine scientia nihil est"的含义是：由手艺熟练的操作人员所做的施工，应该按公认的法规进行。

好像几乎没有必要强调过去的施工一定是以这样的方式进行的。巨大的哥特式大教堂显然是结构工程的功绩——它们不可能是因未经训练的建造者的信仰行为而设计。没有"scientia"，没有大师多年的研究工作，不会取得这样的成就。

《以西结书》

毫无疑问，建筑设计可遵循的法规通常经过口头语言相传，它们也能用图画记录，即使留存下来的也很少是早于几个世纪前的内容。然而，文字法规的出现则惊人地早。例如，在《以西结书》（*Ezekiel*）的第40、41和42章，用多页的篇幅记录了一座大寺庙的门道、庭院、门厅、单室、壁柱等的尺寸；这些似乎是一本与《旧约全书》（*Old Testament*）有关的、写于公元前600年的建筑手册的一部分。在《以西结书》第40章的第3节和第5节中写道："我看见一个男人拿着一根麻线和一根测杆……测杆的长度……以长腕尺量得为6腕尺，长腕尺为一个腕长加上一个手的宽度。"

手册中给出的尺寸是以腕尺和掌宽为单位。希伯来人的腕长，为从中指尖到手肘的前臂长度，约为17.7英寸（450mm），将其分成6个掌宽；法定腕尺为1腕长加1掌宽，因此约为20.7英寸（525mm），与希腊7掌宽的标准很接近。作为建造总指挥的建筑师，其手持的是"大标尺"，在古代（即中世纪）的建筑工地上没有它就不能开展工作。这种特殊的量具长为6腕尺（略超过3m），其次级刻度的单位为掌宽，再次级刻度的单位为指宽。只要采用《以西结书》中煞费苦心列出的数字，就可以确定房屋的主要尺寸和细部尺寸。当这些数字被记录下来后，无论是以手册还是图画的形式，一旦大标尺的实物被制造出来，这些数字就能在工地上被转化为现实。

大标尺（即测杆）是方便的实用工具。即使在第二次世界大战后，英国中小学生也要学习以下计量单位：

（3 巴利肯 =1 英寸）

12 英寸 =1 英尺

3 英尺 =1 码

5½ 码 =1 杆

40 杆 =1 浪

8 浪 =1 英里

在第一次世界大战前，巴利肯可能已不再作为单位使用——在 17 世纪时，英寸被分成 12 个刻度。在科研工作中，英制单位已被米制标准取代。正如《以西结书》中的记载，杆可用作确定大的主要尺寸的单位（如在英格兰，4 杆 =1 链 =1 板球场球道长度），对于细部的工程，单位还可以再划分。在建筑工地上，大标尺的基本特征是它与建筑密不可分。它不是一个绝对的尺度；如果将它切得短一点，那么根据相同的建筑图纸得到的建筑尺寸也会缩小。雕塑家塑造人像时也会遇到同样的问题。塑像可以做成任何大小，但是一旦确定尺寸，雕塑的一部分（如头）与任何其他部分（如手）的比例将是相同的。一旦雕像一个部分的尺寸被确定，譬如说脚（foot），那么所有其他部分的尺寸都可以用 foot 来表示。foot（英尺）就成了计量单位。

材料

对用现代“科学的”方法进行思维的人而言，似乎难以相信采用像《以西结书》中的那种计算规则能设计出令人满意的大型建筑。那些规则实际上只是比例的规则，没有涉及任何绝对尺寸，因为绝对尺寸对于艺术作品也许是适用的，但用于建造一座大规模石材寺庙时就难以想象了。事实是，从《以西结书》年代幸存下来一些希腊神庙（如公元前 640 年的奥林匹亚的赫拉神庙），这些为数不多的幸存的证据有力地支持了这个观点：砌体的计算规则是正确的。后面我们将会看到，20 世纪的结构理论证明了这一观点。

从最早开始应用的时期到一个多世纪之前，砌体一直属于两种主要建筑材料中的一种。另一种材料是木头，木材与石材在特性和性能上有很大不同。首先，采用的石头块体较小，能方便地被一两个工人抬举，从而建造大型建筑物，横跨在石柱上的巨大的希腊额枋可能是个例外。希腊人不采用拱，拱的作用在第 3 章中讨论。总之，伟大的结构工程成就通常都是通过较小的建筑块体的安装而取得。

相比之下，可获得的木材长度很大，长度具有的特性反映了它们的有机成因—— 一棵树牢牢地扎根于大地，必须抵抗竖向的重力和由风引起的很大的横向荷载。因此，长长的木料，无论它们是来自悬臂的树枝，还是来自直立的树干，都能受弯，这说明木材的受压和受拉性能都很好。将树干放倒跨过水沟，它就成了天然的桥梁；将木棍绑在一起可以形成一个石器时代的小屋；木材可以建造平屋顶和楼面；更复杂的情况则是通过将三根木材连接成三角形——两根椽子和一根系杆，可以设计出坡屋顶。木结构的分析将该学科推入了现代化进程，在第 4 章将作进一步论述。

砌体不具有木材的抗拉强度。单块石头的抗拉能力的确很强，不过石块是要组成一个整体的结构形式，可能不用砂浆，也可能用强度很低的砂浆。因此，砌体结构擅长抵抗压力，例如，可以通过一块石头压在另一块石头上来传递重力荷载，但任何施加拉力的企图会导致灰缝开裂或砌筑物完全散开。例如，我们无法想象将一个砌体的柱墩从顶上悬挂下来而不碰到地面的情形；而位于一座大教堂中十字交叉处的四根支柱却可以承担上部 10 000 吨的塔体重量。

事实上，在大教堂或大跨砌体桥中最后产生的压应力是很低的。低，是与材料的潜力比较而言。从 19 世纪工程师采用的强度参数观察可以得到对预应力大小的说明。与现代的材料单位面积的压溃力（即压溃应力）的概念不同，参数表示为一个棱柱在由其自重引发基础压溃前，理论上可以建造的最大高度。假如用中粒砂岩，该高度为 2km；花岗岩柱墩的高度就可能达 10km。最高的哥特式教堂，从地面到高高的石拱顶，柱子高度可达 50m——当然，此类教堂中的柱墩除了承受自重外，还需承受拱顶、木屋面的重量及风荷载等。即便按现在的眼光来看，这种“安全系数”似乎还是较充裕的。总之，粗略估计，大教堂十字交叉处支撑巨大塔体的四根支柱承受的平均应力低于材料压溃强度的 1/10。承载砌体结构（如飞扶壁或高拱顶的板面）主要部分承担的应力仅为压溃应力的 1%，而填充板和墙几乎只承受自重，受到的整体性应力低到只有潜在强度的千分之一。

砌体结构的稳定性要求其承受的整体压应力较低。小块的石头靠重力紧凑地堆积成建筑师确定的总体形状，但这个形状只有当石头之间停止滑动时才能保持住。构件可以在某种程度上互相贯通，也可切割成一些榫或键；如果没有经过这样的粗糙处理，为确保主要构件的稳定性就要求压应力较低，从而保证摩擦力的产生，限制石头滑动。显然，石头本身必须限定最小的尺寸，一片干砌石墙可以立得起来，但若用砂来建墙就不会成功了，因为砂会塌陷下来。

因此，砌体材料的重要结构特点为自身抗拉强度较低或没有抗拉强度；而另一方面，因为其承受的压应力很低，所以在受压破坏强度方面则不会出现问题，并且具备足够的内摩擦来保持结构的形状。实际的砌体结构大致符合这样的假定，当然也能找到一些例外，因此理论必须得到不断的发展和完善，以期最终应对种种例外。无论如何，砌体材料的主要特点对于选择特定的石头作为建筑材料而言具有重要的意义。例如，石灰华（一种多孔的轻质碳酸钙）和硬质白垩（一种软的，易加工的石灰岩）可以适当采用，尽管它们的强度很低。一个现代的例子是采用渣石砌块。类似的，例如在也门，内部有无草筋的晒干的烂泥（土坯），都可以用来建造“高层”建筑。

作为一种不同技术的例子，无筋混凝土（大体积混凝土）也可以看作砌体，它不是由小的成分组成，而是浇筑成一个连续的结构并通过化学反应硬化为“人造石”。混凝土的运用并非新创，古罗马人即利用石灰和白榴火山灰（一种天然形成的火山灰）的混合物生产出一种好的砂浆，它可以将方石、毛石或砾石结合起来；此外，还使用了一种能够抵抗海水影响的砂浆，它不同于普通的现代水泥——如第 1 章中所述，斯米顿做了很多努力为他的埃迪斯通灯塔设计一种合适的砂浆。尽管大体积混凝土似乎是连续的并且具有整体性，但材料的抗拉能力依然很弱。因此，建造砌体的穹顶可以用砖（如在佛罗伦萨），可以用石头（如罗马圣彼得教堂），或者还可以用大体积混凝土（如建于公元 120 年的罗马万神殿），针对以上具体实例将在第 3 章中有所讨论。包括万神殿在内的所有穹顶结构，即便承受拉应力的部位出现明显的开裂——万神殿已经破败成几部分，但像另两个穹顶一样仍然保持了结构的完整性。

然后，这就成了《以西结书》记录施工规则的材料。这些规则，这种建筑理论在以后的 2000 多年里仍可找到真实存在的踪迹。

维特鲁威

约公元前 30 年，在《以西结书》著成的 5 个世纪之后，在维特鲁威所写的书中，“ordinatio”（法式）成为其“建筑六要素”的第一点，“ordinatio”明显就是大标尺，测杆由模数（维特鲁威在书中称之为“quantitas”）组成，整个建筑可以用这些模数测量和建造。随后，他用大标尺中的模数建立了自己的比例理论。

例如，一个疏柱式的庙宇中柱的直径为 1 个单位，柱距，即两根中柱之间的距离，应该为 4 个单位，柱子的高度应该为 8 个单位。另外，如果是爱奥尼柱式建筑中的柱子，柱础和柱头的高度都应该为半个单位，对于细部尺寸，还可对单位进一步地作更细小的划分。门口也以类似的方法处理，对几乎无法察觉的从地面到楣的收分[1]采用细化的规则。维特鲁威可能原本不是一个伟大的建筑师，但他编撰的早期古希腊著作，根据自己的经验总结而成，并成为后几个世纪建筑方面的标准教材。模仿《以西结书》，维特鲁威表明了如何采用大标尺进行新建筑的基础平面布置；如何用刻在标尺上的模数确定平面和立面各部分的比例；设计的艺术性如何渗透到整个过程。没有实践经验什么都不能建造，在书的第 1 章中，维特鲁威强调，“fabrica”（实践）和“ratiocinatio”（理论）对于建筑师的培养都是必要的。的确，在论述原理之后和在开始比例理论之前，维特鲁威详细讨论了各种可得的材料，包括砖、砂、石灰、白榴火山灰、石头和混凝土等。

维特鲁威曾经服役，并作为一名军事工程师跟随尤利乌斯 · 恺撒工作，他擅长制造军械——曾提及投石器、弩炮和其他大炮。他认为建筑学与三件事情关系紧密：建筑的施工、钟表的制作、机械的设计。在整个中世纪，维特鲁威的建筑手册始终被人阅读，一再翻印并供人在修道院学校中，尤其在共济会中使用。在幸存的哥特共济会图书的残片中可以清楚地看出维特鲁威的影响。

1 柱子上下两端直径不是相等的，而是根部略粗，顶部略细，这种作法，称为“收分”。——译者注

维拉尔

大约 1235 年之后，维拉尔 · 德 · 奥内库尔编撰的草图书（目前保留下来的仅 33 页书稿）对建筑、钟表和机械有准确的论述。该书为熟练的专业人员所写，内容也许会令现代的读者发飙——它假设读者已经熟悉哥特式设计的基础，因此并未涉及人们普遍感兴趣的内容。

像维特鲁威一样，维拉尔也是没有名气的建筑师；他们的手稿幸存下来了，但建筑作品却无人知晓。不过，还是有条清晰的线索能够将两者联系在一起。维拉尔描绘了木屋顶的草图，给出了他的业务中采用的“引擎”的示例——例如机械驱动的锯子，并像维特鲁威所做的那样揭示了建筑的几何规则。大量的页面被用来勾勒哥特式的外立面和极具雕塑感的饰物的草图。出现在这些草图中的狮子是奇特的——维拉尔说是“绘自生活”，不过显然没有真实的狮子曾经充当模特。图中还有很多的鸟、狗、马和鸵鸟。维拉尔可能没有全部见过这些动物，但他旅行过，例如去匈牙利，这对曾在皮卡第学过徒的一个乡下小伙子来说是一次伟大的旅程。在这些旅行中，为了他的共济会，维拉尔记录了哥特 “黄金年代”的崭新的及非凡的发明。从 1140 年圣丹尼修道院教堂的建筑到 1284 年博韦大教堂的倒塌，这个年代持续了一个半世纪。

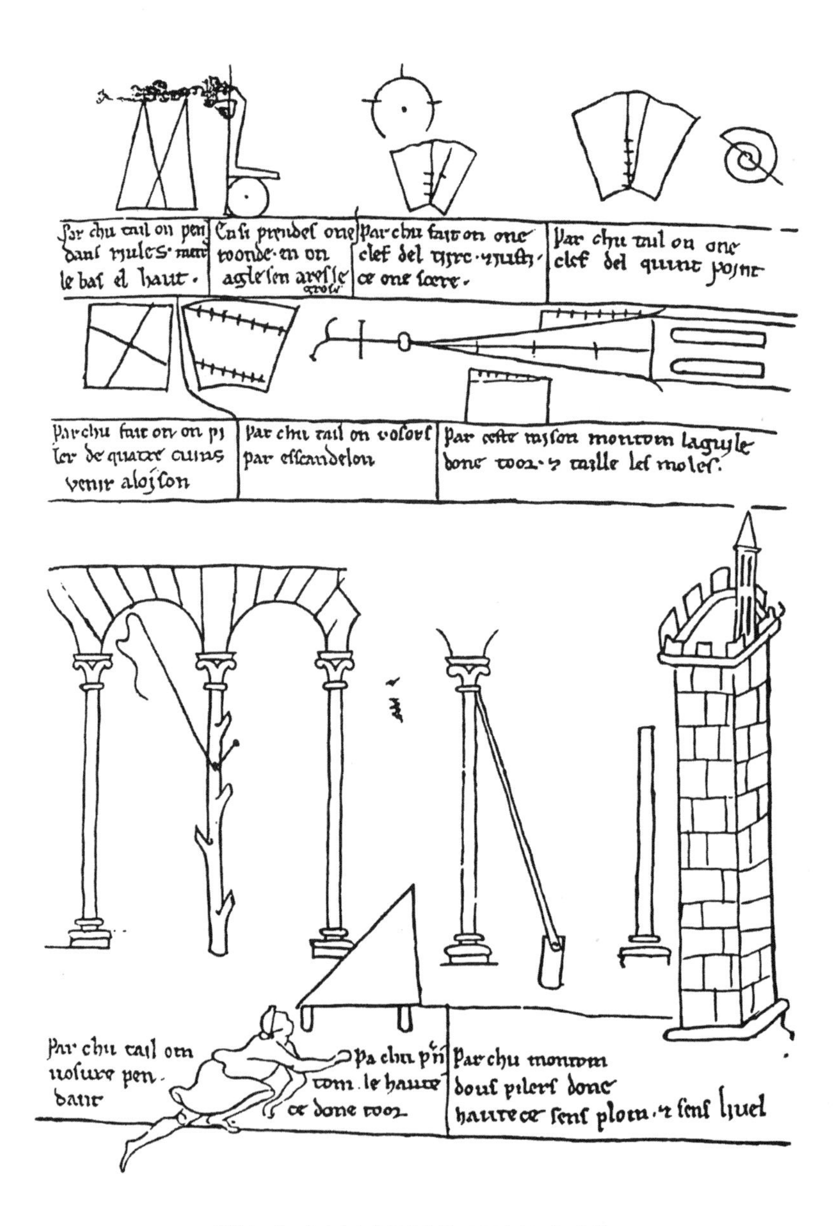

维拉尔·德·奥内库尔草图书的第 40 页（1235 年以后）

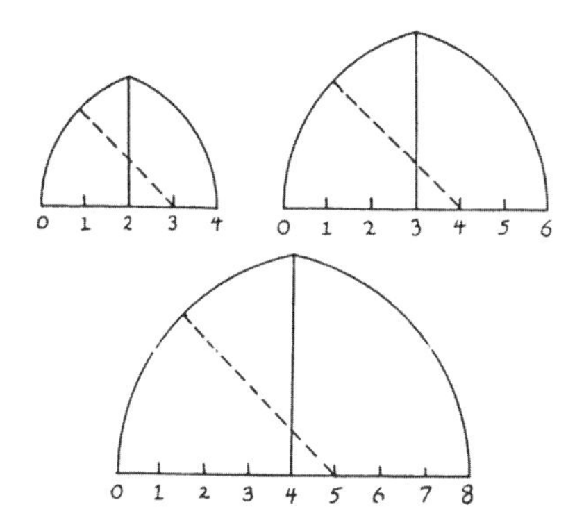

圆心在"3"号点、"4"号点、"5"号点的拱，采用推测的13世纪方法编号

在维拉尔·德·奥内库尔草图书的第40页底部的中间标题"Pa chu p'ntom le hautece done toor"是有关正在进行的测量——如何定塔的高度。在哥特式大教堂的建造中，采用的衬砌、水准测量、铅锤测量的标准十分杰出。图的右侧为一个开始建造的连拱廊——如何安装两个柱墩而不用锤线或水平仪。左侧是设计得令人感到惊讶和欣喜的中世纪建筑："Par chu tail om vosure pendant"——如何建造一种悬空的楔形石拱，并且最终能够移掉树干，留下一个柱头神奇地悬在半空中。

小草图都是关于测量的问题，其中最简单的涉及塔尖。这个草图的例子表明塔尖的高度是其基础的四倍，而每个侧面的斜率是1/8。顶上的草图就是关于在大标尺上不能找到的、无理数的尺寸，"Par chu tail on one clef del quint point"——如何对圆心在"5"号点的拱进行拱顶石的切割？

圆心在"5"号点的拱的高度和拱顶石表面的夹角（的一半），含有无理数6的平方根。所需的尺寸可以从草绘的螺旋线上测得，实际上，这不是一条真正的螺旋线，而是以与中间点偏离一个单位的点为圆心绘制的两条圆弧连接而成（该方法对圆心在"3"号点、"4"号点……的拱也适用）。在石匠广场中可能包含常用的"不合理的"角度，如最上面一排草图所示。

维拉尔手稿中揭示的一个关键问题是关于一个广场的加倍或减半的几何构造。这恰好又是维特鲁威讨论的问题，维特鲁威把该方案的解决归功于柏拉图。维特鲁威提到：一块土地，长 10 英尺（1 英尺 =0.304 8m），宽 10 英尺，面积为 100 平方英尺；当一个正方形的面积为 200 平方英尺时，它的边长是多少？答案当然就是第一个正方形的对角线，长度为 10 $\sqrt{2}$英尺。它的图解可以在维拉尔的草图书中找到。

这个问题似乎太浅显了，却展示了一个基本的数学难题。一个大标尺划分为腕尺，再划分为掌宽，还可按人的愿望进一步细分，最终应该（可能被认为是应该）提供任何可以想到的、能在建筑工地上转换到构件的尺寸。事实并非如此，希腊的数学家已经认识到这个事实。无理数不能被这样测量，2 的平方根就是无限个这样的数字中的一个——在大标尺上无法做记号来表示$\sqrt{2}$，但在维特鲁威和维拉尔的说明中，都给出建立这种长度的方法。用今天的眼光来看，这件事算不上什么成果，但它在知识层面是吸引人的，毕达哥拉斯对无理数$\sqrt{2}$的漂亮和简单的证明已经存在 2 000 多年。然而，对中世纪的建造者来说，它是个有待解决的问题。

米兰大教堂

维拉尔的草图书可以解决许多类似的测量问题——测量问题已经成为米兰大教堂建筑中的尖锐问题。该教堂动工于 1386 年，即哥特中期结束后约 100 年，由于施工遇到困难，导致在 1392 年和 1400 年产生了两项记录完好的技术。原先的设计是采用“ad qudratum”（圆积法），即建筑到拱顶最高点的高度应该与中殿和四条走廊的总宽度相同——横截面包含于一个正方形内。1391年，这项工程发展到必须最后确定柱墩高度的位置，已经有人对原先的设计表示怀疑。米兰共济会寻求科隆共济会的指教，但最终接受了来自皮亚琴察的数学家斯多纳洛可的建议。

米兰大教堂的净（内）宽是96布拉乔奥（布拉乔奥，即手臂，是米兰腕尺，不超过2英尺，约0.6m）。斯多纳洛可建议高度应该为84布拉乔奥，即施工应该采用“ad triangulum”（三角形法）——其截面包含于一个近似的等边三角形内。由于问题的相似性，米兰共济会需要数学家的建议。一个底边为96布拉乔奥的等边三角形的高度是无理数，约为83.1布拉乔奥，不能用大标尺测量，因而斯多纳洛可建议采用84布拉乔奥。

总之，在米兰大教堂的巨大平面中，建筑师使用的大标尺杆长为8布拉乔奥，“圆积法”的采用意味着原先对高度也打算用相同的8布拉乔奥的大标尺。斯多纳洛可建议的84布拉乔奥不仅消除了无理数3的平方根，而且实际上将高度的大标尺固定为7布拉乔奥。该建议引起了争议，有些人希望回到“圆积法”的形式上来；而另一方面，意大利专家希望将高度的大标尺进一步降低到6布拉乔奥。最终，他们接受了斯多纳洛可对外廊的柱墩高度采用28布拉乔奥的数字的方案（最后减少到27½布拉乔奥以更精确地符合约27.7的等边值即以96的⅓为底的等边三角形的高度），但在此标高以上的工程垂直方向则用6布拉乔奥的大标尺来完成。水平向的大标尺仍为8布拉乔奥不变，在这些柱墩标高以上的测定方法采用了“毕达哥拉斯法”。

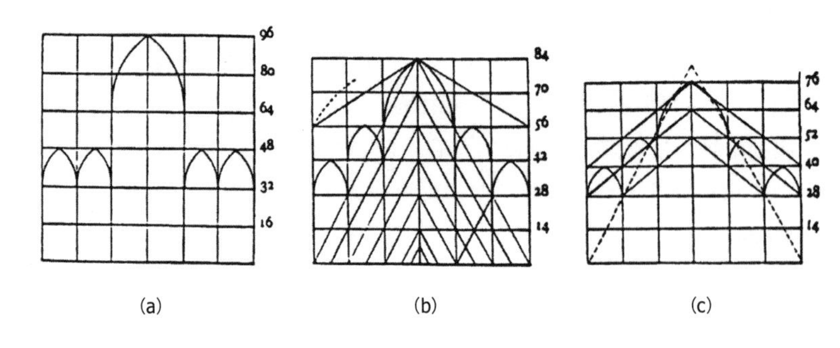

米兰大教堂

1386 年，米兰大教堂在米兰省督的资助下开工。尽管有了威斯康提家族的资金，建设进度依然缓慢，快到第 5 个年头时，建筑的高度必须得到最后的确定。大标尺，是实际用来确定最大和最小尺寸的木杆，长为 8 布拉乔奥[2]，1 布拉乔奥约为 0.6m，所以大标尺长约 4.8m，与英制的 16½ 英尺长的“杆”非常接近。大教堂的宽度被定为 12 杆，即 96 布拉乔奥，根据圆积法（ad quadratum），原来打算建到与 96 布拉乔奥相同的高度，见图（a）。1392 年，数学家斯多纳洛可建议，施工应该采用三角形法，剖面应该是一个高度为 $48\sqrt{3}$或近似为 83.14 布拉乔奥的等边三角形，这是一个不能用大标尺确定的无理数。斯多纳洛可建议，高度应取 12 杆（每杆长为 7 布拉乔奥），即 84 布拉乔奥，见图（b）——对竖直方向做了个新的大标尺，它与水平方向的尺度不同。结果，这个尺度被用到 28 布拉乔奥的高度，然后大标尺又减小到 6 布拉乔奥，完成的大教堂如图（c）。

2 原著将此处的“8 布拉奥乔”错印为“6 布拉乔奥”。——译者注所有这些专家的意见都与为工程建立“ordinatio”（法式）有关，使得石头能精确地切割以适合确定的总尺寸，并使工程的每个构件的尺寸能参考大标尺来布置。整个建筑理论建立于由标尺确定的比例数值规律的基础上。非常令人感兴趣的事实是：对水平尺寸采用的是8布拉乔奥的大标尺；而对竖向尺寸，下部采用7布拉乔奥的大标尺，上部采用6布拉乔奥的大标尺。

工程进展得相当顺利，直到1399年时又是一场大争议导致出现另一项技术。这一次，来自巴黎的乔瓦尼·米尼奥和来自布鲁日的贾科莫·科瓦，次年又有8名意大利建筑师加入进来形成一个全面的咨询委员会。在1399 – 1400年的岁末年初，米尼奥开始起草包含54个要点的清单，列举了他所发现的米兰该项工程的缺陷。实际上，清单的后半部内容是些琐碎的事情，即使是比较重要的前半部分，编排得也很奇怪——将不同类型的缺陷混为一谈。有些显然是很严重的缺陷（如果所说是正确的话），如扶壁支撑不足；有些则属于其他类型的缺陷，如雕刻人像上的顶盖放置得太高，或柱头和柱基的比例不对。这些要点被同等重要地列出，并被意大利的工程答辩人同等严肃地对待。米尼奥不满意于这些答复，意大利人似乎是在找论据支持他们的观点，而不是要求一些更理性的和绝对的讨论依据。

针对米尼奥提出的关于扶壁支撑不足的批评，意大利人坚称“… archi spiguti non dant impulzam contrafortibus”的反应尤其令米尼奥不安。意大利人的答复如下：第一条答辩关于扶垛，即主要的扶壁，它们是用高强度的石头完好建造的，用铁爬钉相联且安放得很好，所以材料强度足够；第二，如果对上一条答辩没有偏见的话，扶壁的存在没有必要，因为尖拱不产生推力。最后，还是决定将柱顶用牢固的铁连杆联系起来以吸收任何可能的推力。在今天的大教堂里，当初以及后来新增加的连杆都是很明显的。

尖拱的推力较同样跨度的圆拱的推力小的说法是有根据的，虽然米尼奥很坏，但对他的迁就是情有可原的。毫无疑问，由于对建筑理论的精通，米尼奥以资深学者的面貌出现，因此，意大利人不情愿地用一句话作让步："scientia est unum et ars est aliud"（理论是一回事，实践是另一回事）。米尼奥的规则虽然精细，但他们则更加知道如何真正地建造出一座大教堂。

米尼奥的回答——"ars sine scientia nihil est"（光有实践没有理论是不行的），似乎在预示新建筑时代的黎明即将到来。实际上根本不是这么回事，因为它只是根据两千多年结构工程经验做出的最后声明。米尼奥带着一本指导大教堂设计的规则书——他的共济会书，这是他的"scientia"（理论）。当米尼奥在米兰发现这本书时，他早已经将这些规则应用于工作，并借此发现自己对该书的需求。与意大利人相比，米尼奥的规则体系更为全面和优秀，但根据这些技术记录，似乎清楚地表明，米尼奥并未了解自己的理论。将"美学的"和"结构的"批评混在一起，说明他没有在任何深刻的意义上理解任一方面的规则，甚至不能将之区分——他仅仅知道哪些规则遭到破坏。米尼奥使用的规则书可能编撰于一两个世纪前哥特中期的，作为一本无用的手册一直躺在共济会里，它的用途越来越难以被人注意。

米兰共济会拒绝关于施工的主要问题的外部建议，继续用自己的规则建造。迄今为止，该教堂已经存在了 6 个多世纪。

文艺复兴

结构工程需由多人参与设计——这个 2 000 多年未曾间断的传统终结于 15 世纪——从《以西结书》（及更早的书）到维特鲁威的书再到共济会会所的秘诀书。起先，该传统似乎只是被复述。阿尔伯蒂的《建筑论》（*On the Art of Building*）完成于 1452 年，出版于 1486 年。阿尔伯蒂对维特鲁威并不敬重，但事实上却巩固了维特鲁威的权威性，他特别强调了比例对于正确的、美观的建筑的重要性。布鲁内列斯基对罗马的古典建筑进行了精确的测量，随着印刷的发明，当时出版一部带插图的维特鲁威著作已成为可能。古罗马的复兴正逢其时。哥特式建筑的法则是如此地复杂，如约翰 · 哈维所说："……复杂到没有人能不经过长期学徒及多年的实践而掌握它们；而维特鲁威的法则是那么容易掌握，就连主教都能掌握它们，王子们甚至可以亲手尝试设计他们自己的建筑。"一个受过教育的人，一手拿着法规，一手拿着说明，即使没有在实际建造方法的学习上下过苦功，也能成为一个成功的建筑师。历史和美学层面的思考开始与工程结构相分离，这种方式对中世纪"大师"而言，难以理解，因为他们对如何选用材料、如何对建筑给出"建筑学的"设计等专业知识了如指掌。正是从文艺复兴时期开始，建筑师和工程师的职业分道扬镳——两者都起源于哥特时代，但建筑师着重于理论中蕴含的比例法则，而工程师开始探索蕴藏在建筑实践中的科学法则。

随着共济会秘诀的广泛传播，印刷术为哥特时代的棺材又钉下了一根钉子。例如，劳立沙的《通往顶点的正确道路》（*Der Fialen Gerechtigkeit*，1486 年）是由雷根斯堡教堂的建筑师为学徒们编写的教材。书中介绍的技术很简单，但它永久性地揭示了一些法则，如长度为无理数的建筑物建造和基本模数如何再划分等，这些都是学徒训练的核心内容。但不管怎样，这些法则已不再需要——现代科学已经出现，人们已经从阿拉伯人那里学到了十进制记数法。根据小数点精度规则，现在实际测量的 2 的平方根的无理数可以达到任何精度。

共济会并非由衷地喜欢科学。他们抵制新思想的“渗透”——瓦格纳的歌剧《纽伦堡的名歌手》（*Die Meistersinger von Nürnberg*）[3] 表明中世纪的行会是如何反应的，米兰的米尼奥就像该剧中贝克梅瑟之类的人，坚持要不折不扣地服从规则。当英国统一采用公制单位时，时间已经进入到 20 世纪后半叶，此时的 “哥特式”木匠在测量工作中仍以 1/8 英寸为单位来进行测量工作，如果需要更高的精度时甚至会以 1/16 英寸为基本单位——以上皆沿袭了传统的方法来细分基本模数。像英国的木匠一样，共济会满足于将自己的法则一代一代地复制下去，正如米尼奥忘记了那些法则的起源一般。

3　原著中给出的是该剧的简称“Die Meistersinger”。——译者注

第3章

拱桥、穹顶和拱顶

古代的建筑工程包括道路、防御工事和港口；即使工程规模较小，建设者也需要较好地了解材料的性能并选用适当的材料。当建设规模较大时，这些工程可以被视为土木工程而非建筑工程，除了需要法则之外同时也需要实际知识。大教堂的设计需要“scientia”（理论）和“ars”（实践）两者的支持。同样的道理，将一根树干横跨在小溪上就成了一座可以使用的桥，但大跨度桥梁必须经过设计且需要专业理论的指导。

令人吃惊的是，两种复杂的桥梁类型已经被至少采用了 6 000 年。在悬索桥中，“桥面板”从“索”上悬挂下来，其形式几乎千年不变，不过建造材料不再采用植物。起先，索是用攀缘植物或藤本植物或由含纤维的植物做成的绞股绳，人行道（如果它确实存在的话）是用木头做成。这种桥的结构作用力较为直接，甚至可以从桥的形式上看出来：人行道上的荷载通过挂索传递到悬索上，悬索承受拉力的作用，拉力最终被施加到桥梁跨度两端的锚固处。

另一种出现时间较早的桥梁类型是拱。最初（大概在公元前 4000 年的美索不达米亚）采用的材料是砖，不过是晒干的而非焙干的。类似的砖材在几百年后的埃及被发现。紧随其后，烧制砖出现在拱和拱顶中。大约在公元前 3000 年，埃及人首先采用切割的石材。又过了很久，伊特鲁里亚人已经掌握了切割楔形拱石的技艺，将它们拼装成拱和拱顶。所有这些技术被古罗马人吸纳并用于扩张他们的帝国版图，大约在公元前 500 年以前，他们已在建造大跨度的砌体桥。

维特鲁威没有指出拱的设计理论，但是其相关法则，也许还有计算法则，肯定已经存在了。维特鲁威本人可能并不太关注大跨度拱的建造，例如那些在渡槽中采用的拱；不过，他的确讨论过住宅尺度范围内的拱。该问题的内容是：在一面平整的石墙上开一个洞——门洞或窗洞，该洞上方的墙体如何被支承？“我们必须用由楔形拱石与呈同心放射状的灰缝组成的拱来承担墙的荷载”，维特鲁威说。几乎所有古罗马的拱都呈半圆形，拱石间的灰缝都是从圆心向外放射。“定圆心”这一在施工过程中采用的术语，开始被用来指在拱的建造过程中支撑它的临时支架，即“拱架”[1]。在住宅尺度范围内，拱构成了门廊或窗户的顶。

古罗马造桥的实践和理论开始披上宗教机构的外衣，大祭司团最终控制了道路和桥梁。该机构的首脑是大祭司长，仍然是教皇的头衔之一。尽管造桥兄弟会没有计算过力，但他们可能已经意识到拱正好是以与悬索桥相反的方式起作用——拱是对桥台施加压力而不是对锚固施加拉力。拱桥设计中的一个主要问题是建造桥台来抵抗拱的推力，对于多跨桥梁而言，需要在河床上建造内桥墩。

桥梁建造者的秘密，就像共济会的秘密一样，在中世纪的黑暗时期中得以幸存。在12世纪，造桥兄弟会以本笃会的造桥兄弟会形式露面，很快在英格兰建立了一个组织。1176年，圣玛丽科尔教堂的彼得牧师开始建造第一座石材伦敦桥，代替早期的木桥，该桥身上的19个尖拱一直保存至19世纪。旧伦敦桥的主要问题集中于河里的桥墩，它们形成了“挡水木桩”——桥墩阻塞了河道，导致水流快速地通过桥拱，并冲刷基础。砌体桥拱承受商店和住宅的活荷载，桥拱本身的承载力似乎能够满足需求。

1 “拱架”的原文“centering”含有“定圆心”的意思。——译者注

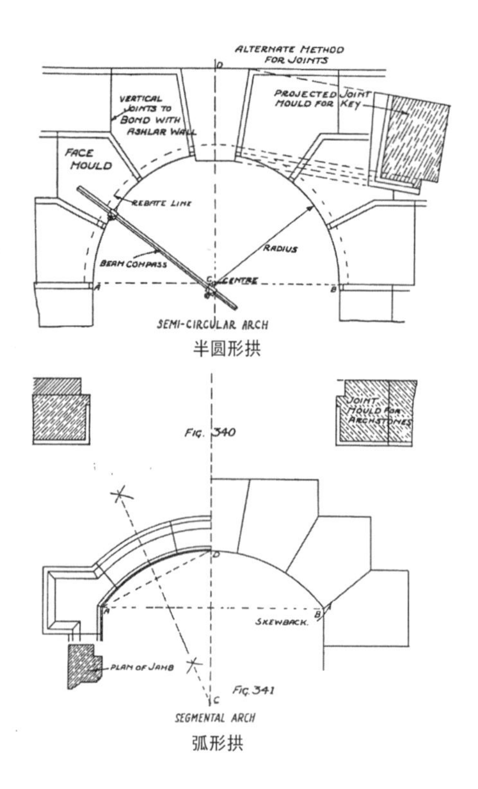

半圆形拱

弧形拱

这是一张 20 世纪的砌体手册中的插图，图中描绘了一个半圆形的拱是如何施工的。拱由 7 块石头组成，石头之间呈琴键状排列，同时还要契合方石墙面的水平砌筑层。在砌筑过程中必须采用临时模板——拱架，以此支撑住石头直至安放好最中间的拱顶石。7 块石头之间的灰缝呈同心放射状，这种做法已经延续了 2 000 多年，如同大约公元前 30 年维特鲁威建筑手册所建议的那样。哥特式尖拱没有共同的圆心，因此其剖面不呈圆形，但“拱架”这一专业术语仍应用于临时支架的称谓中。

砌体拱

有关拱的最早的数值计算是推力的计算，可以借此尝试了解拱的总体性能。我们可以发现，在 1717 年之前，看似现代的工作却已经有人完成；正是在那年，戈蒂埃论述桥台的书出版，他总结了需要解决的“5 个难题”：

（1）边墩的厚度；

（2）内墩的尺寸与拱跨的比例；

（3）拱圈的厚度；

（4）拱的形状；

（5）背面覆土的挡土墙的尺寸。

解决第一个问题的关键在于需要知道由拱引起的桥台推力的数值，问题 3 和问题 4 的答案与拱的形状和厚度都有关。问题 5 扩展了土木工程领域的研究范围，该问题目前归属于岩土工程和土力学学科领域。

1675 年，罗伯特 · 虎克研究了拱的结构问题。他在那年出版了一部拉丁文字谜书，是关于“建筑中各种类型的拱的实际……形式及每种拱必需的合适桥台”[2]。字谜内容是——“Ut pendet continuum flexile, sic stabit contiguum rigidum inversum”（像根挂着的弯曲的线，将其形状反过来就成了刚性的拱）。在 17 世纪，采用字谜的形式出版书籍是很普遍的。科学研究充满竞争，科学家们急于寻找新老问题的答案从而确立自身的领先地位。然而，严密保护任何线索是很重要的，暴露的线索可能会使另一位更擅长数学的研究者先行得到答案。对拱的问题，虎克有个不想泄露的新想法，受拉的悬索与受压的拱，它们的静力学计算

---

2 “建筑中各种类型的拱的实际……形式及每种拱必需的合适桥台”的原文为：“true ... form of all manner of arches for building, with the true butment necessary to each of them”。其中“butment”一词疑为“abutment”的误印。——译者注

方法是相同的。换句话说，尽管虎克没有明确指出这点，但在悬索桥和砌体拱之间存在着基本的一致性。如果“悬链线”的数学问题能够得到解答，不仅拱的形状（问题 4）可以被推导出来，而且如桥台推力等所有重要的数值（问题 1）都能被确定。

悬链的数学分析并不容易，虎克一直未完成这项工作，尽管他能够完全理解该问题的物理意义。根据 1670 年英国皇家学会备忘录的记载，虎克已经给出了拱原理的实验证明，的确比他发表字谜书的时间还要早。事实上，同时代的数学巨匠如莱布尼茨、惠更斯、约翰 · 伯努利等也已经得到了问题的答案，不过他们对自身的工作同样也是保密的。戴维 · 格雷戈里于 1697 年公开发表了一个不尽完美的计算方法——他的论述非常重要。1809 年，韦尔在自己那本根据格雷戈里的拉丁文翻译的著作中写道：

“在一个垂直平面内，如果位置相反，该链将保持它的形状不倒，因此将形成一个很薄的拱，或穹窿；即在与悬链线相反的拱形上放置刚度为无穷小的、光滑的球面将形成这样一个拱；拱的任何部分都不会受到来自其他部分的向外或向内的推力，其下部保持稳固，并依靠其形状来支撑自身。由于悬链线无论悬垂或倒过来，线上各点的态势，以及各部分与水平面的倾斜程度都是相同的，因此曲线都处于一个与水平面垂直的平面内，显然必须保持其形状，从悬垂至倒放的状态，不发生变化。而相反地，只有悬链线是真正合理的拱或穹窿的图形。**当任何一种形状的拱得以成立时，皆因为其厚度内包含了一些悬链线的因素**。如果拱很薄且由易变的部件组成，悬链线将不能被保持。根据推论 5[3]，该力可以被集中在拱或扶壁之上，并将承受到此力的墙体向外压；这与支承悬链的力在水平方向的分力相同。在悬链中，力是向内拉的；在拱中，虽然数值相同但力是向外推的。”

至此已经能够反映一个事实，即格雷戈里完全掌握了拱的分析方法。拱的

3 “推论 5”的原文为“Corol.5”。译者将“Corol.”视为“corollary”的缩写。——译者注

桥台推力的水平分力与等代的悬链施加的水平拉力数值相同。

另外，**斜体字**的句子（**斜体**为韦尔所加）是极有分量的，用来强调戈蒂埃的问题与拱的形状和拱圈的厚度有关。格雷戈里断言，如果在拱的砌体内存在反向的悬链形状，拱就成立。以上简单的论述看似只是对中世纪结构理论的强化，即结构欲成立则其形状必须正确；实际上，却是对此理论的扩展——阐述了结构力学的基本定理，直至20世纪，这些理论才以数学的方式被证明。对于结构工程师而言，确保结构的可行性是必要的。"如果能成立，则会成立"，这个"安全定理"来源于本书第7章所讨论的塑性理论，但在结构工程师的眼中，它的存在显而易见。

反向悬链被称为拱的压力线，其表示砌体内的压力传递到桥台的方式。当压力线的位置确定后，简单的静力学方程令工程师能够计算出拱推力的大小，设计即可完成。对压力线位置的研究贯穿整个18世纪，与此同时，"铰"的概念也得到进一步的明确。

拱施加在桥台上的推力会引起桥台的微移。在假定刚性材料没有抗拉强度，其抗压强度为无穷大且石头之间没有相互滑动的前提下，拱能适应跨度增大的唯一方式是通过开裂，即形成有效的铰。已知压力线的基本形状为悬链线形。由于压力线必须通过铰点，一旦铰点被确定，它的位置也就被唯一地确定。

然而，铰点的位置并非唯一。如果拱的跨度减小，例如在多跨桥中可能出现的情况，那么在拱中将分布着不同的铰，压力线会移动到新的位置。每个压力线的位置对应着不同的桥台推力值——如果该拱跨度增大，推力降到最小值；如果拱的跨度被迫减小，产生的推力则达到最大值。结构的数量（如桥台的推力值）可能有上限和下限，这已不是新的概念。库仑1773年在对拱的研究中就采用了此概念。那么，哪条压力线是"正确的"？其对此问题未作讨论。一座拱的桥台的极小的位移皆能引起压力线的变化——也许会从"最大值"转变为"最小值"。砌体拱的实际性能特征或被分析人员忽略或未能获得充分重视。

简单的砌体拱是由相同的楔形拱石组成的，见图（a）建拱需设临时脚手架，因为只有在最后一块石头（拱顶石）被放置好后，拱才能成形。一旦完成此步骤，脚手架（拱架）被移除，拱立刻开始对河岸施加推力。桥台不可避免地会产生位移，同时造成拱的外扩。

图（b）表明拱是如何令自已与增大的跨度相适应，当然，此图示情况较为极端。拱石之间已经发生开裂——在这些灰缝里没有强度，已经形成了三个铰。拱即将倒塌的迹象并未有所显露，因为三铰拱是众所周知的非常稳定的结构。相反，拱只是以一种可感知的方式对不利环境作出回应。在现实生活中，铰体出现于拱石之间砂浆的开裂中，而且通常此开裂较为明显。

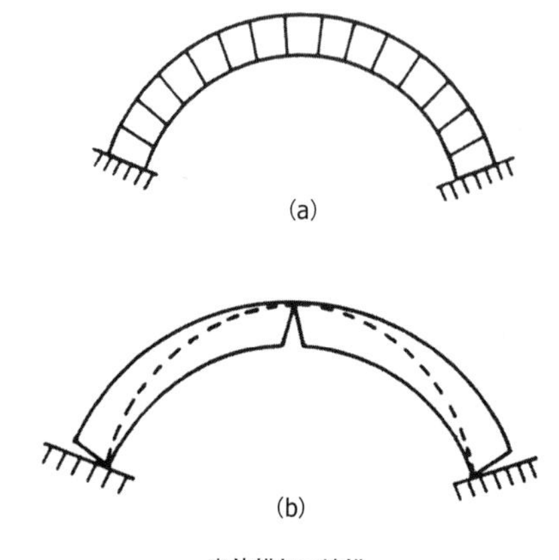

砌体拱与三铰拱

图为 1846 年 W. H. 巴罗在伦敦土木工程师学会演示的模型拱。该拱有六块拱石，每条灰缝中的“砂浆”都是四小片木头，任意一片都可被抽掉。当每条灰缝中的三片被移除，保留的一片木头负责传递力时，压力线就成为“可见的”。巴罗绘制了三种不同的压力线位置，其中最陡的曲线达到拱的外曲线上的顶点，被称为“抵抗线”；最平坦的曲线被称为“受压线”。这两条线代表桥台推力水平分量的最小值和最大值，分别对应于桥台之间相互离远或靠近时微小的位移。

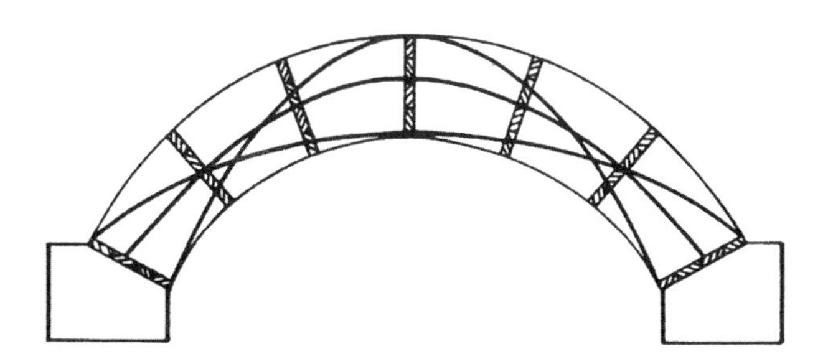

巴罗的模型拱

铰点的假定解决了静力学问题，令计算成为可能。在 19 世纪中叶之前，压力线经常被假定处于中间位置，其后被包裹上适当的拱券。标准的设计图表有助于工程师建造出美观的、经济的和安全的桥梁，时至今日，砌体拱已经遭到淘汰。1779 年，在科尔布鲁代尔出现了铸铁桥，特尔福德也曾为新伦敦桥设计了一个方案——一座跨度达 600 英尺的铸铁桥，但结果是 1831 年由伦尼设计的砌体桥代替了旧伦敦桥，时至今日，此桥已被拆除。

19 世纪陆续地发展了更多关于结构分析的基本方法——当应用于拱时，这些方法可以确定压力线的实际位置。

穹顶

拱桥（或一个筒形拱顶）实际上是二维结构。假定该筒形拱顶可以被切成无数的平行薄片，每片与其相邻者都是相同的。一旦了解了一个薄片的结构原理，就能明白整座桥或筒形拱顶的结构原理。

形式最为简单的穹顶通过一个拱围绕其中轴旋转而成——半圆形的拱将生成半球面的穹顶。生成穹顶的数学曲线当然不必是圆——抛物线形的拱将生成抛物面穹顶，鸡蛋壳的形状则更加复杂。然而，无论是何种形状，二维的拱与三维的穹顶在性能上存在很大的差异，这些差异不仅体现在结构作用上，而且还体现在施工工序上。

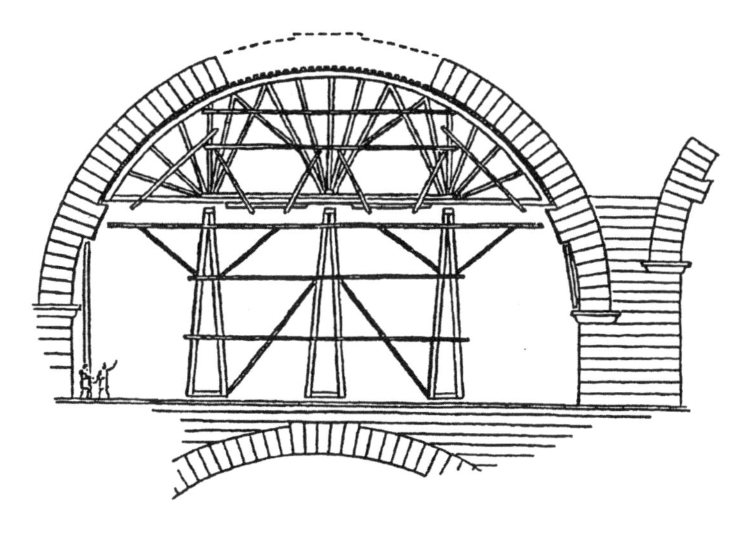

约翰·菲彻恩用于加尔桥的临时支架

中间跨度约 25m。拱架紧贴从拱圈向内放射状排列的楔形拱石，下方须设脚手架作为支撑。在所有的拱石就位之前砌体拱不能承受自身重量——因为施工方法的原因，在此阶段中，拱重量由木制的拱架来承担。只有当拱开始发挥结构性作用的时候，拱架才能够被拆除，若在全部荷载还需有所支承时就拆掉拱架，由此产生的后果会非常严重。脚手架和拱架之间若有缝隙就用楔形物填充，可以通过将其敲除来达到控制荷载传递的目的（当一艘新建好的船下水时，可不能出现类似的问题）。

例如在砌体拱施工的初期，放置的石头尚能完全支承自身重量，且新的石头能够继续置于前一块之上。然而，当拱曲线向中间部分靠近时，新放置的石头会有滑动的危险，此时显然需要临时支架（拱架）的支撑。在砌好的拱券中，任何一块石头对于保证拱券的整体稳定性都至关重要（称之为“key” stone）。但在通常情况下，位于拱券正中的且被最后放置的石块称为拱顶石（keystone），它的尺寸大小以及装饰性的雕刻会被赋予建筑学的美感。

穹顶的建造比较容易。尽管轮廓线呈向内弯曲形状，但一圈石头可以落在下面的砌筑层之上，且没有滑动的可能性。实际上，完成的环形是不可压缩的，任何向下滑动的趋势都被所有石块所遏制——石块的每个侧面都受到相邻砌块的侧向支承。因此，沿着穹顶的纬线会产生圆周切向的或环向的力，这些力可以与沿经线（子午线）方向的压力并存，经线方向的压力与二维拱中的压力相对应。因此，施工期间不需要过多的临时支架——一旦砌筑完一圈，所有的临时支撑都可移除，并重新搭设以备下一个砌筑层的建造。穹顶中没有与拱中的拱顶石相对应的部位，即使不放置最后的那块石头，穹顶也能完成，例如古罗马的万神殿，亦或雷恩在伦敦圣保罗大教堂中设计的三重构造的穹顶，两者的穹顶中间都朝向天空开了个“洞眼”。

拱和穹顶之间的显著差异可以通过延伸虎克的悬链线概念加以说明（虎克本人的确是发展了这个概念）。柔性的链可以呈现一种新的形状以适应外载——施加在一条重的链上的点荷载将使“悬链线”变为更复杂的形状，拱中的压力线将相应地转移。相比而言，相似的三维“悬膜”则不会产生这样的变形——一块布可以缝合成半球形，但形状就此被固定，至少当布不起褶皱的时候情况确实如此。因此，假如将用此布缝合的半球形悬挂起来，并在其上注入一些物体，譬如水，它仍能保持半球形体，不过，在经线和纬线方向力的数值取决于盛放的水量。用数学术语来说，一个拱或筒形的拱顶是可展开的——拱顶是能够通过将一张平整的纸弯曲建造而成的（甚至可以用折叠形成一个哥特式尖顶）；穹顶是不可展开的——它不能由一张不经裁剪和粘贴的平纸制成，而一旦经过裁剪和粘贴，它就具有了刚度。

如果在特定的荷载作用下，在特定的区域范围内，环向力有变成压力的趋势，此时悬膜中可能会形成皱褶，因为纤维适合承受拉力但不能承受压力。穹顶中的相应性能可以用沿着子午线发生的裂缝趋势来表示，如果穹顶的支座在外载作用下向外移，裂缝将会加剧。无论此处是否开了洞眼，穹顶顶尖附近的应力在子午线和环两个方向均为受压，但在今天许多现实的穹顶中，从约 25°角处往下直到基底都可以看到裂缝。

例如，古罗马万神殿属于“整体的”混凝土结构，混凝土像砖或石砌体一样，抗拉强度较低。万神殿中的开裂现象十分明显。18 世纪中叶，罗马圣彼得大教堂中类似的子午线裂缝一度引起人们的担忧，但波莱尼在一篇广博的报告中对此作了正确的分析。

佛罗伦萨的布鲁内列斯基穹顶建造时间较早（约建于公元 1420 年），穹顶内部显示出相似的开裂现象，尽管在这个案例中，穹顶呈多边形而非回转形。不同标高的穹顶截面都是八边形，每个“子午线”方向的截面都是弯曲的，而在与此垂直的方向，即“环”向是平直的。穹顶由一个八边形的鼓形墙壁所支承，在大教堂内覆盖八边形空间。如同回转的穹顶，多边形穹顶可以用最少的佛罗伦萨的布鲁内列斯基穹顶不是一个回转形穹顶，而是分块式的——共有八个分块，每块平面呈三角形，分别构成筒面的一部分。在筒面相交处存在八条穹棱，它们会“聚集”穹顶的重量，将力集中传递到起支承作用的八边形鼓形墙壁的角部。支座已略有位移，穹顶也已经开裂以适应跨度的增大。半圆形的壁龛支撑着穹顶的北、南和东侧，穹顶的西侧由大教堂的中殿作为支撑。裂缝图形表明北侧的扶壁体系往北移，东侧的往东移，南侧的往南移，西侧也许保持得比较牢固。

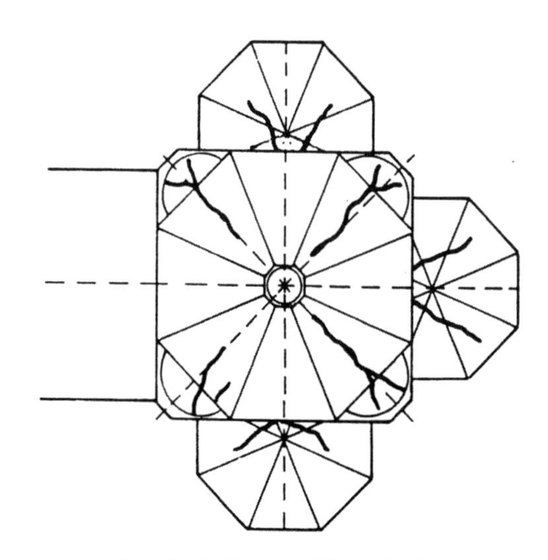

佛罗伦萨圣玛利亚百花大教堂穹顶的裂缝

临时支架支撑建造。当布鲁内列斯基声称他不需要拱架就能建造穹顶时，起初没人相信。他保守着秘密，坚决不透露自己的方法，声称如果泄密，委托人和专业设计师就会发现其原理太过简单。瓦萨里提到，布鲁内列斯基用放在桌子上的鸡蛋向委托人进行挑战，问在场的人谁能令其直立起来，却没有人能够做到，当轮到布鲁内列斯基尝试时，他将蛋壳的底部敲裂，鸡蛋立刻站稳了。显然，答案就是这么简单。

有趣的是，鸡蛋的直径约 40mm，厚度约 0.4mm，其“跨厚比”为 100，与威斯敏斯特的亨利七世小教堂和剑桥的国王学院的扇形拱顶的跨厚比数值相同。在万神殿、布鲁内列斯基穹顶和米开朗基罗穹顶中，该比值约为 10 或更小；对于现代大跨度钢筋混凝土壳屋顶而言，该比值升至 1 000 左右。

一个基本不发生开裂现象的穹顶实例位于伦敦圣保罗大教堂。雷恩根据虎克的“悬链”概念为穹顶设计了一个复杂的形状，同时设置了环绕穹顶的链绳以防发生任何向外位移的趋势。

砌体拱顶

半圆形的拱需要较大的截面高度以满足稳定性；只有当截面高度超过约 10% 的半径时，才能维持这种倒置的链形。亚眠大教堂的中殿跨度达 14m，如果不考虑安全系数的话，其半圆形筒面拱顶所需的截面高度至少 700mm。实际

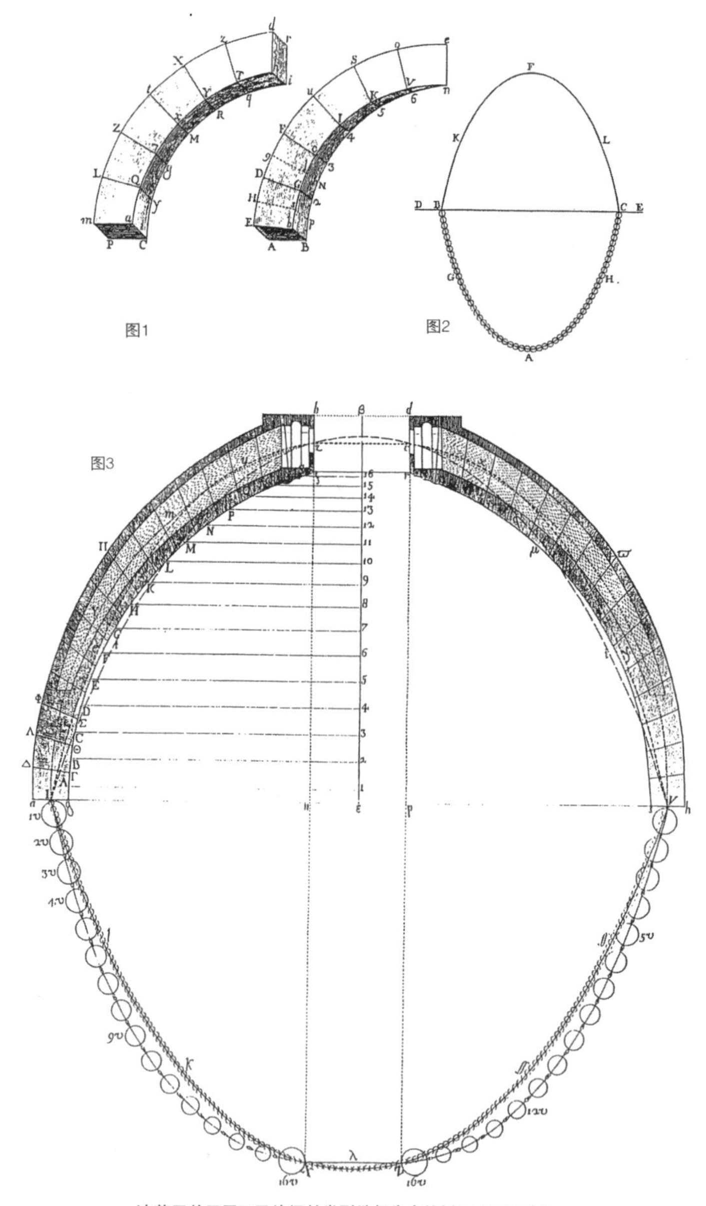

波莱尼关于罗马圣彼得教堂裂缝报告中的插图（1748 年）

在“米开朗基罗”穹顶完工约200年后（在米开朗基罗去世后，由丰坦纳和德拉·波尔塔两位工程师接手），乔瓦尼·波莱尼写了一份关于穹顶中出现裂缝的报告。文中首先回顾了砌体建筑理论的现状，此人学识渊博，自然也熟知虎克的悬链理论，见图 2。波莱尼观察到，出现的径向裂缝将穹顶划分成几个近似于半球面的弓形（橘瓣）。这些裂缝是否存在危险性？此问题有待回答。

波莱尼清楚地指出，穹顶稳定性的必要条件是力应该在砌体允许的范围内，这是“安全定理”的一个明确的前提。他出于分析的目的，首先假定将穹顶划分为 50 个弓形，其中之一如图 1 所示（厚度均匀的半个拱）；然后开始考虑由一个弓形构成的完整的模拟二维拱的平衡及其挠度。该拱的截面高度在拱顶处递减为零，如果能证明它是安全的，那么整个穹顶，不论是否开裂，也应该是安全的。

波莱尼做了实验证明。根据穹顶截面图——图 3，他计算出了被划分的拱重。为此，半个拱被划分成 16 个节段，并用 32 个重量不等的砝码对一条柔性索加载，每个砝码与拱的一个节段相应，在此过程中也会考虑到覆盖在穹顶之上的天窗所造成的误差。倒置的链形状的确在拱的内表面和外表面之间，图 3 所示的其他线条代表了拱的中心线，以及倒置过来的承受均布荷载的悬链线。波莱尼的结论——看到的开裂是不危险的。他认同应该提供环向约束力的观点。悬链在其支座处的倾斜再次表明，一种由划分的拱传递的水平推力存在其中，因此整座穹顶必须能够承载该水平推力。

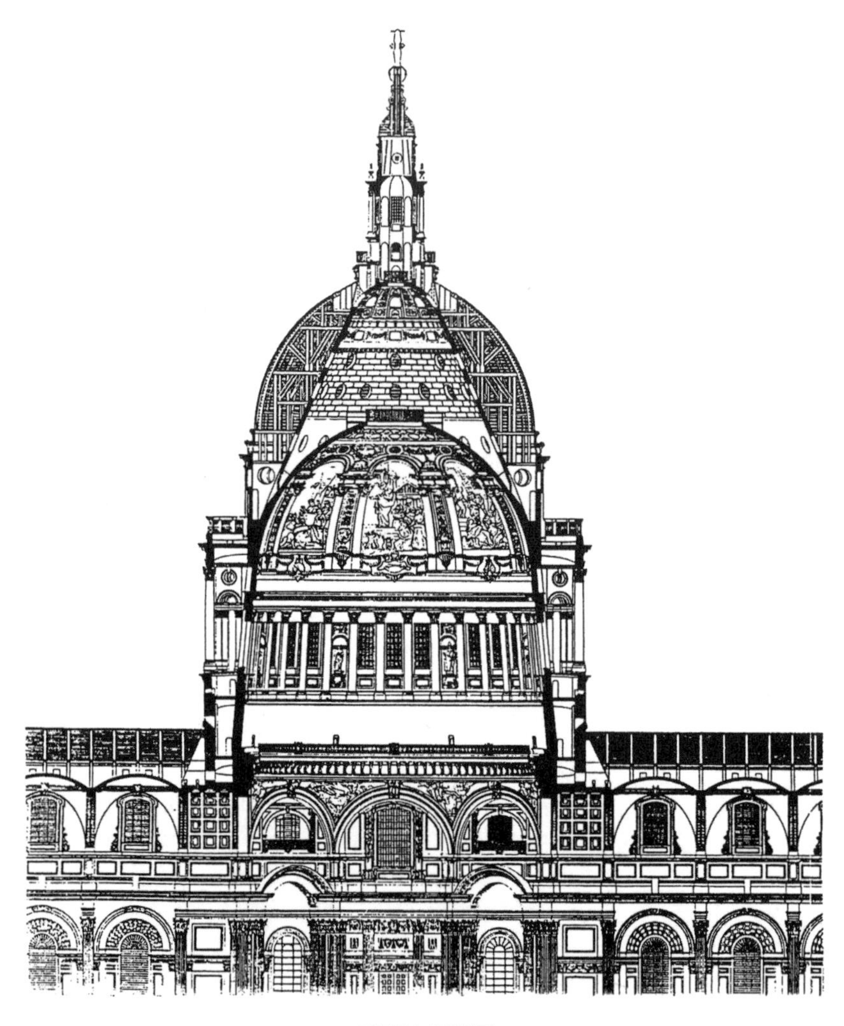

圣保罗大教堂剖面

圣保罗大教堂的穹顶共分三层，由外及内分别为：包铅的木质外层结构，支撑着众多天窗的锥形砖石结构穹顶，以及在建筑内部可见的内层穹顶（像万神殿一样，穹窿顶部正中带有采光口）。1666年，旧圣保罗大教堂被伦敦大火烧毁，1675年，克里斯托弗·雷恩设计的建筑第三稿和最终稿获得肯定，并于当年正式开工，直至1705 – 1708年间才竣工完成，此时它的形式与30年前的图纸相比已经发生很大的改变。

罗伯特·虎克和克里斯托弗·雷恩同为伦敦大火[4]后城市重建的房屋鉴定人，两人亲密地在一起工作多年，直到1703年虎克的离世。像雷恩一样，虎克既是科学家又是建筑师，但只有他的科学理论而非建筑作品被保存下来。（例如，虎克1674年在穆尔菲尔兹建造的庞大的疯人院，直到1814年，在南渥克新的伯利恒医院建成后才被拆除。目前幸存的虎克作品只有两座教堂和伦敦大火纪念碑，它们都位于旧伦敦桥的北端。）雷恩非常熟悉虎克的悬链理论，正如虎克在1675年6月的日记中写到，雷恩正在帮助修改圣保罗穹顶的设计，以便符合虎克的悬链理论。事实上，虎克在1671年已经将二维拱的原理推广到三维回转穹顶。

雷恩的圣保罗穹顶与所有以前的穹顶之间的主要差别在于支承结构表面的倾斜——砌体永远不会呈竖直状态，而是遵循虎克的（三维）悬链线理论。这种倾斜可以在外部通过鼓形墙壁的竖直列柱来掩饰；当站在教堂的地面上时，从内部也看不出来——但从回音廊可以观察到。

4 伦敦大火发生于1666年9月2日—5日，是英国伦敦历史上最严重的一次火灾，烧掉了许多建筑物，包括圣保罗大教堂。——译者注上，圆形的拱顶不需要围成一个完整的半圆，如此一来，拱顶截面高度就可以显著减小——拱顶的起拱点（拱腋）可以用砌体碎块填充，以进一步增加结构的稳定性。

然而，减轻结构重量的主要措施是采用正交的筒面，从而形成一个真正的三维拱顶而不是大量平行的二维拱的重复。古罗马人已经采用了相交筒面的概念来形成穹棱拱顶，如马克森提斯殿（公元 30 年）的每个混凝土开间的跨度在 25m 以上。只需在角部给与拱顶一定的支撑，甚至在侧墙上还可以开窗；同时，拱顶取材的厚度可以轻薄一些，能够进一步减小作用在支墩上的重力和外扶壁上的推力。

两个相同的圆柱形筒面相交将得到一个正方形平面的拱顶，正方形的对角线就是穹棱的位置。如果拱顶是由石材（而不是古罗马混凝土）建成，当切割与穹棱交汇处的石头时会遇到困难——该难题与切体学有关联。如果两个相交的构成拱顶的筒面具有不同的跨度，还会遇到更大的困难——开间形成矩形而非正方形。因为，不同跨度的半圆形筒面重量也不同。首先，允许拱顶的棱间板（在穹棱之间的拱顶部分）略微成穹状，两个筒面的相交不再是唯一确定穹棱位置的方法，在一定程度上可以由建筑师来设计。一旦确定了穹棱的位置，对棱间板可做适当的调整来适应边界，即穹棱和开间的四条边成穹隆状。

然而，穹棱本身仍然难以切割，罗马式建筑的建造者首先在开间的对角线上安装砌体拱，随后开始建造穹棱拱顶。因为拱被全部或部分地埋置在棱间板的砌体内，所以穹棱被单独地切割，并用小块的砌体安装棱间板来加以匹配。

该拱顶由两个相同的削尖的圆柱体以直角相交而成。正方形的对角线——穹棱，表明了圆柱体的交线。在后期的罗马式建筑和哥特式建筑中，穹棱是作为石拱而被先行建造的，过程中采用木拱架作支撑；其后，石匠用法式或英式方法完成拱顶本身（即棱间板）的建造。即使棱间板做工较为粗糙、石材切割得不够好、在不太合缝的节点里灌注了很多砂浆，两种方法依然能建造出坚固的结构。在很多情况下，完成的拱顶被抹上灰泥并装饰，所以它的构造无法看到，但在任何一种情况中实际的结构作用是相同的——穹棱支承棱间板，棱间板几乎起到二维拱的作用。

资料来源：T. G. 杰克逊 . 哥特式建筑 .1915 年

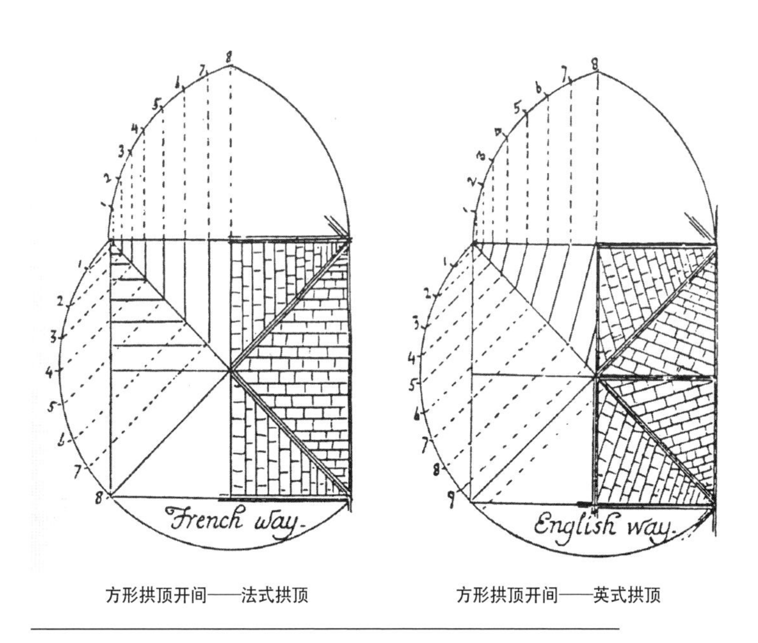

方形拱顶开间——法式拱顶

方形拱顶开间——英式拱顶

当然，将穹棱拱作为独立的肋拱建造，这只是迈向哥特式拱顶的一小步，拱顶的棱间板建造于这些穹棱的背上。接下来，不需要精确地匹配就可以切割出棱间板交汇处的边线，因为不规则的拼缝可以用砂浆填充，并通过穹棱的肋拱来遮掩。通过采用尖拱顶，无法形成正方形覆盖开间的问题得到解决，哥特式尖拱导致四分肋拱顶的出现。

哥特式拱顶具有突出的肋拱，其建筑形象非常“醒目”，而普通的穹棱拱顶则表现得并不明显。肋拱的功能之一是赋予拱顶视觉冲击力（即使采用肋拱的初衷只是为了便于施工）。同时，肋拱还具备结构构件的功能——当两个结构曲面交汇成一条“折痕”时，该处节点需要配筋，较之附近的拱顶棱间板，肋拱受到的应力突然增大。然而，与材料的压溃强度相比，肋拱中的应力仍然较低——如果不存在肋拱，无配筋的穹棱将承受较大的但仍属可控范围内的应力。

因此，肋拱的“功能”较为复杂。若其在两个曲面的相交处承受荷载，肋拱当然会将力“集中”起来。如果拱肋被置于光滑过渡的曲面之上（如英国哥特式建筑中劈锥曲面扇形拱顶上的居间肋和枝肋），那么其只具备装饰性功能——也许拥有较高的美学价值，却失去了结构性功能。

没有证据表明，古代和中世纪的建造者以这样的方式来思考肋拱或更普遍的砌体结构中的受力情况。他们当然会有自己的想法，不仅仅关注于几何形状和艺术形式。建筑师需历经漫长的学徒生涯，才能够逐步成长为匠人和极具专业水平的大师，他们必须亲自前往工地，熟悉哥特式建筑的每一块石头，如此才能够避免因自身未具备掌控大型工程项目的能力而被遣送回设计院校的命运。但此时的建筑师无法做出计算。“数学的”设计方法起源于文艺复兴时代，而中世纪设计师的“scientia”（理论）则体现在形状和比例而非应力和应变。

该插图表示现代结构工程师可以看到的一种标准的哥特式拱顶——实际的砌体可以理想化为薄的折叠结构，它可以用 20 世纪的板壳理论来分析。该理论采用的数学方法一方面很复杂，另一方面又能对受力方式做出较好的描述——事实上，可以完全抛开数学方法，因为显而易见，力主要作用在曲面的曲线方向，而在“平直”方向的力是很小的。事实上，拱顶可以被分成系列的平行拱，如同在波莱尼理论中将圣彼得穹顶分成渐变厚度的薄片。如此看来，平行拱本身的应力很小，更多地与对角线上肋的支承力有关，这些对角线主要承担着结构构件的功能。

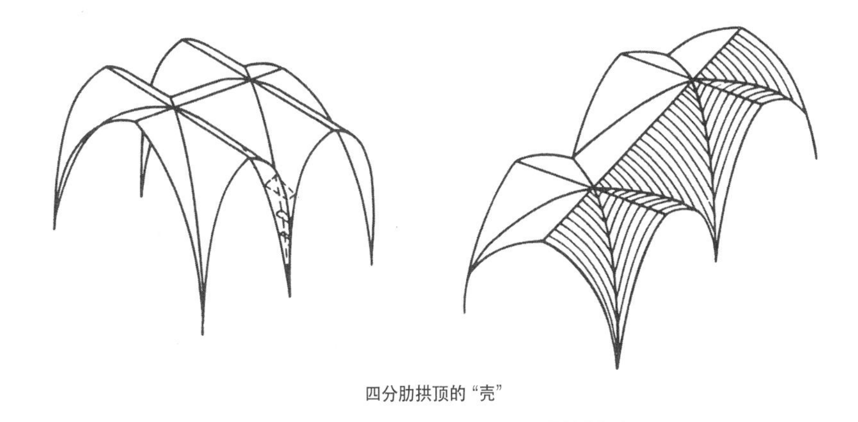

四分肋拱顶的“壳”

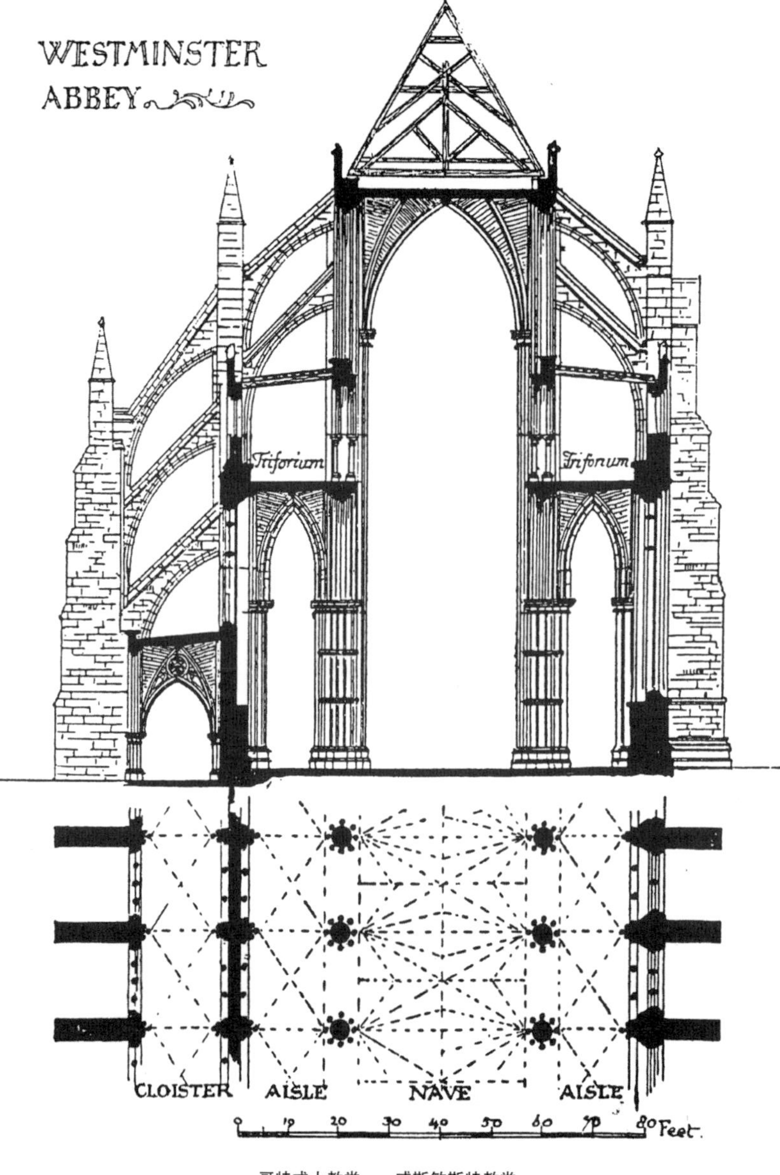

哥特式大教堂——威斯敏斯特教堂

该插图选自T. G. 杰克逊的著作（1906年），显示了一座典型的哥特式大教堂的剖面图。石头拱顶覆盖了较高的中心空间，中殿。在中殿的侧面是较低的走廊，它们的拱顶材质是石材。一个较高的木质屋顶覆盖在中殿拱顶之上，因为石头的拱顶漏水需要防水；同时，木屋顶容易引发火灾，石头也可以起到一定的防护作用。

石头拱顶施加水平向推力，如果没有侧廊的存在，可以通过在教堂的南、北墙上面直接设置较大的扶壁将水平推力传递到地基上。实际上，拱顶的水平向推力正是通过在侧廊顶上设置飞扶壁的办法来承担。在威斯敏斯特教堂的北侧，下方的飞扶壁支撑拱顶；上方的扶壁则汇集可能作用于木屋顶上的任何风力，也有利于控制木屋顶向外伸展的趋势。

在教堂的南侧，回廊紧挨着走廊的墙面，主要的扶壁柱墩必须设在更远的位置。中部柱墩较为细长，上方两侧的飞扶壁形成两跨的斜拱。走廊的拱顶也需要支撑——通过北侧的扶壁柱墩和南侧回廊上面的第三层飞扶壁来实现。

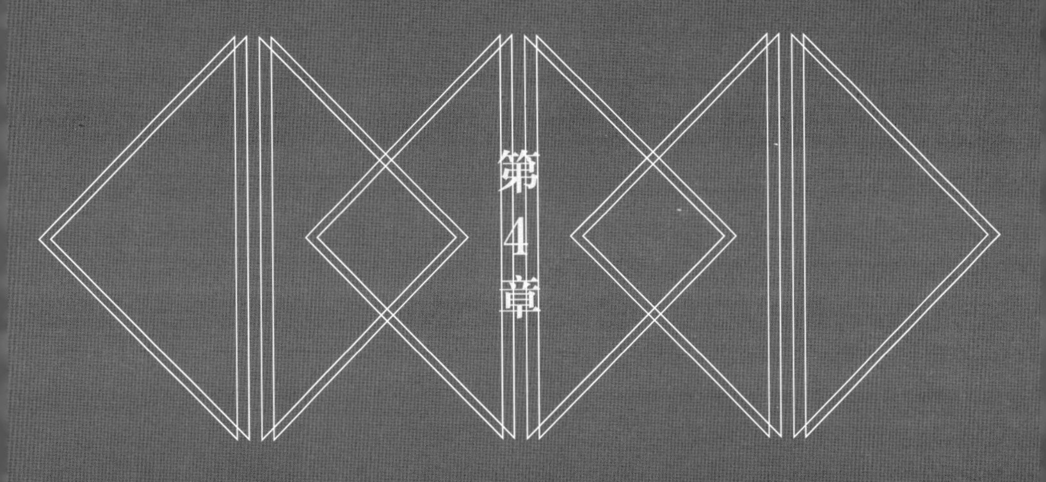

第4章

应力和应变

希腊神庙或哥特式教堂的设计师们当然不关心应力，因为在他们的建筑中体现的应力太小，实际上并不存在材料破坏的问题。设计师们对例如挠曲这类重要的问题也豪无兴趣，随着木材及铸铁和钢材等新材料在工程中的应用，挠曲才成为重要的研究课题。树会在风中摇摆，但埃及的方尖塔——埃及艳后克利欧佩特拉七世的纪念碑不会晃动，至少肉眼观察不出，圣索菲亚大教堂也是如此。

然而，在横向荷载作用下，木料不仅会发生挠曲（也许是可接受的）；如果荷载被增加到足够大，木材还将断裂。若用一种现代的、不准确的简单说法来描述的话，断裂是由某个达到极限的应力所导致的，对未知的应力领域探索始于 17 世纪。关于应力的工程定义极为简单和精确，但应力符号对结构分析的理解和应用都产生了（并且正在产生）困扰。

对应力的描述和处理存在着数学层面的困难，但最基本的物理问题则在于应力不能被测量。石头或木头受拉试件的破坏强度能被确定。伽利略于 1638 年出版了《关于两门新科学的对话和数学证明》（*Discorsi e dimostrazioni matematiche: intorno a due nuove scienze attinenti alla mecanica ed i movimenti locali*[1]，简称《对话》）一书，对比本书后面还会做更多叙述。根据伽利略的《对话》，在石头圆柱体试验时能够呈现这样的特点，引起断裂所需的重量会对赋予一个衡量试件 “绝对强度”的指标，如果试件的面积减半，所测得的绝对强度值也减半。此想法直接导致应力概念的的产生——材料单位面积上的荷载，但须明确的是，此概念并非直接源于伽利略。

1 原著中给的是该书的简称“Discorsi”。——译者注伽利略的这部《对话》，于1638年在莱顿出版。在该书的第一门科学内容中，首次用数学方法来解决结构问题；第二门新科学则是关于运动力学。伽利略按插图中所示的拉伸试验测得材料自身的强度，试图计算梁的破坏强度。不过该插图并不能使人相信伽利略曾经做过这样一个试验（伽利略本人从未看过该插图，因为他在该书付印前已失明）。如果真去做这个实验，那么早在整根柱子发生断裂之前，B点的钩子就已经与石头脱开了。同样，有人认为伽利略从未在比萨斜塔上扔过不同重量的球。人们有所不知，伽利略为了证明一个理论成立与否，确实曾经设计过此类重要的实验。他专注于各种观察活动，从而推进各项研究专题的的进展。

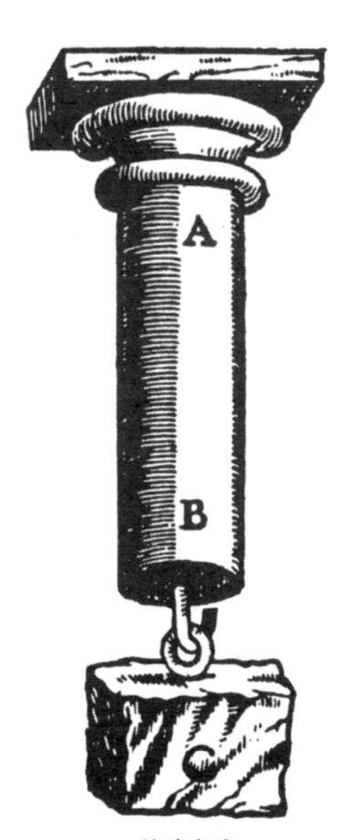

拉伸实验

然而，这样的定义纯粹基于数学层面，即荷载能被测量，但应力的数值只有在数学运算后才能得到。只有物体的变形能被测量，如果拥有足够灵敏的仪器，当外部荷载大小确定后，就可以测量试件的伸长值。“应变”定义为单位长度试件的伸长值，因此是无量纲的。应变 1/1 000 意味着一根 1m 长的杆伸长了 1mm，同样地一根 10m 长的杆伸长值为 10mm。（应变为 1/1 000 时，低碳钢接近于其屈服点。）对于可恢复的弹性变形，虎克定律（与提出悬链理论的虎克为同一人）指出应力与应变成比例；对于给定的材料，这个比例常数——杨氏模量，可以通过实验确定。因此，如果测得应变值，相应的应力值可以简单地通过乘以杨氏模量值而得到。事实上，导致材料发生断裂的就是过高的应变——当应变超过某一限值（如上面所说的约 1/1000 时），不同长度、不同截面尺寸和形状的钢筋都处于危险之中。

在 18 和 19 世纪之前，如此复杂的概念从未被真正地研究过。伽利略关于材料破坏性能的研究与中世纪的思想环境不相符，在当时设计理念引导下，砌体桥和哥特式大教堂的应力和应变较小。针对此类建筑，古代和中世纪的规范已经给出了相应的比例法则，并且被证明的确是有效的几何法则。如果一个建筑满足这些法则，即便建筑尺度扩大几倍甚至几十倍，依然满足法则。

伽利略的《对话》

伽利略著作开端直刺中世纪结构设计理论的心脏。萨尔维阿蒂说：“因此，沙格列陀，放弃你（也许还有许多其他研究过力学的人）持有的这种观点：如果一组机器或结构由相同的材料组成并且它们的部件具有完全相同的比例，为了抵抗（或满足）外力和意外的灾害，它们必须相同地（更确切地说，必须按比例地）处理。因为可以用数学证明，较大者的抵抗能力按比例来说总是低于较小者。”

该书于1638年在莱顿出版，当时伽利略74岁。5年前，他已被判犯了异端邪说罪，被判终生监禁并禁止出版论述任何内容的任何书籍。当然，荷兰是在宗教法庭的管辖范围以外，爱思唯尔出版社同意出版伽利略的手稿。

著作采用四篇对话的形式（在他死后出版的1644年第二版中又增加了第五篇）。三个对话者是：萨尔维阿蒂，他代替年长的伽利略说话；沙格列陀，他代表了中年伽利略，有时会提出遭到年长伽利略反对的观点；辛普利邱，他可能喻示着一个正在接受两位学识渊博的科学家指导的青年伽利略。每篇对话设定的时间跨度都是一天，第三和第四部分是关于（牛顿力学之前的）力学学科的发展，第二天的对话是主要关于结构方面的。

然而，在开篇的第一天，当年长的伽利略——萨尔维阿蒂，准备攻击中世纪的建筑设计时，沙格列陀“已经脑袋眩晕”。到了第二天，萨尔维阿蒂有很多关于“平方或立方定律”的话要说，以举例的方式开始了自己的讲述，这个例子实际上也是伽利略关心的典型的结构问题。萨尔维阿蒂想象有一根水平的木料，一端放置在竖直的墙体内，这样木料就起到悬臂梁的作用。如果不断增加梁的长度，当增加到一定程度时梁会因其自重而遭受破坏，悬臂梁的破坏成为《对话》中第二天的主要论题。

这是一张著名的关于伽利略基本问题的插图——梁的破坏强度。尽管有许多次要细节，该图还是不能反映真实情况。在这种情况中，C 处的钩子可以很好地承担荷载，但 A、B 处的砌体似乎无法抵抗靠墙处的转动力矩。

梁的破坏强度

叙述在第二天之后似乎有些跑题。萨尔维阿蒂讲了一个关于一根粗壮的大理石柱子的故事，该柱被水平放置，柱两端被架设在两块木头上。一个工人考虑到该柱的中间部分可能会在其自重的作用下遭到破坏，所以在中间插入了第三个支座。几个月以后，柱子恰好在插入的第三个支座上方发生破坏。萨尔维阿蒂解释了产生这种结果的原因。原来，靠近柱子端部的其中一个支座已经腐烂并下沉，而增加的中间支座仍然坚固，如此一来，一半的柱子实际上是没有支撑的。如果柱子仍保持由原来的两个支座支承的状态，一切都会安然无恙，因为如果一个支座下沉，那么柱子只是随它一起下沉而已。

对于这个现在被称为超静定结构的性能，伽利略未作进一步讨论——柱子有两个支座足够了，第三个支座无论是在技术上还是通常的意义上，都是多余的。实际上超静定结构的冗余分析是结构理论相当重要的内容。

为了分析梁的断裂情况，伽利略需要知道材料的基本强度，正是因为这个原因，他通过拉伸试验确定“绝对强度”。关于科学家与工程师在见解上的不同，没有比在《对话》的第一天中记录的讨论内容更清楚的例子了。工程师只希望采用一个数值配上合适的单位（吨每平方英寸或牛顿每平方米）来表示材料强度，然后将其应用于确定梁的断裂强度；科学家则希望用拉伸试验来探索断裂的物理性质。如伽利略所说，为了讨论得更加清楚，设想垂直悬挂一个木头、石头或任何其他材料的圆柱体试件，“就像一根绳子”，在其底部不断增加重量直至被破坏。

由此开始了一系列的讨论，构成了第一天对话的全部内容；辛普利邱能够想象，在木头试件的整个长度内纵向纤维是连续的，因此整个试件强度较高，但他提出疑问：“一根绳子只是由两或三布拉乔奥长的纤维组成，它们怎么会强度相同呢？”萨尔维阿蒂解释了短纤维如何被搓在一起形成一根长绳，纤维间的相互作用形成整体的强度。

但这似乎无助于解释无组织材料（如大理石、金属或玻璃）的断裂现象，萨尔维阿蒂承认这个问题的困难性。他提出这样的观点，即物体的粒子具有一些固有的黏性。同时，还提到了一个众所周知的难题——自然呈现的真空现象。孔隙的问题来自以下经验：两种材料的板，如果材料表面光滑（抛光的或清理过的），相互间可以滑动，但难以将它们拉开。因此，一个看似固体的东西可能是由许多具有固有强度的较小部分组成的，还含有大量的孔隙，这些孔隙使强度增加。的确，孔隙的数量可能是无穷多的，整个讨论进行了一小时左右，试图从数学层面来证明该想法，例如，证明一个有限的面积能够含有无穷数量的孔隙。

一个数学论题自然引起另一个问题，萨尔维阿蒂（年长的伽利略）不断地提出有趣的结果，以至于沙格列陀不得不提醒他，讨论已经偏离了原有主题。但萨尔维阿蒂已经着手解释膨胀和收缩是如何发生的（例如，由于温度的变化），与假定物体互相贯通或采用孔隙毫无关联。于是不可避免地，讨论又随后转移到亚里士多德的运动理论。在第三天展开了运动这门学科内容，但一开始，伽利略就提出一个众所周知的观点：两个不同重量的物体在重力作用下将以相同的速度坠落。虽然沙格列陀已经做过类似的试验，但辛普利邱仍然觉得难以置信。无论他相信与否，这个试验结果真实存在。萨尔维阿蒂对辛普利邱作了解释，他引用了亚里士多德的话："一个从一百布拉乔奥的高度落下的一百磅的球先击中地面，比仅有一磅重的球领先一布拉乔奥。"

实际上，两个球到达地面的时间相同，也许因为受到空气阻力的影响，较大的球略领先几英寸（有试验可做证明）。紧随其后的是一番关于在稠密或稀薄介质（水和空气）中运动的长篇讨论，然后又讨论了钟摆的摆动，最后发展到乐器琴弦的振动。直至夜幕降临，萨尔维阿蒂本人也感到十分困惑，为何讨论了如此之久却未能解决任何主要问题？

在第二天的拂晓，最初的问题又得以回归：如何求得悬臂梁破坏时梁的强度？显然，梁的断裂发生在根部，而根部是嵌固在墙内的。在嵌固处，“绝对强度”用来抵抗外载的转动力矩，伽利略很快证明了梁的抗弯强度等于绝对受拉强度乘以其高度的一半。伽利略还得出了一些正确的结论，如矩形梁的强度与其梁宽、高度的平方成正比。

然而，伽利略给出的比例常数为1/2的数值未必正确。通常来说，在梁的根部所有的“纤维”都能发挥它们的作用以达到破坏强度极限的概念是错误的。绝对强度不能用这种方法得到。然而，伽利略在他的分析中所做的推导是完全正确的，例如，圆柱形梁的抗弯强度与直径的立方成正比。后面的例子，有些证明了受重力荷载作用的结构的平方、立方定律；荷载与尺寸的立方成正比，而支承面积只与（尺寸的）平方成正比。最后以萨尔维阿蒂关于建造巨大的船只、宫殿和庙宇的不可能性的简述而告终——“自然界不能生长出尺寸大得无法测量的树，因为它们的树枝最终会由于它们的自重而破坏”。通过比较分析研究，这个论点可以成立。

梁被固定在砌体墙中，B点支承在砌体上。当荷载W增加时，会令梁达到“绝对强度”的阶段——该强度由竖直梁的破坏荷载推导出。因此在图（a）中，绝对强度S抵抗荷载W关于B点的力矩；图（b）表示等效的“钟垂杠杆”，梁的尺寸和绝对强度值S已知，从图可计算破坏荷载值W。伽利略采用了亚里士多德的杠杆定律（伽利略说阿基米德阐述得更好）来解决弯曲的钟垂杠杆的问题，这样的计算在1638年实属不易。图（a）和（b）不是由伽利略绘制的，但他的计算是正确的，尽管人们对结果中包含的某项系数保有争议。

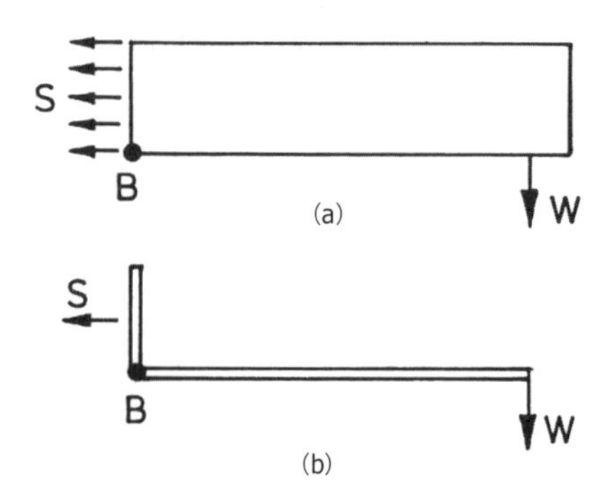

伽利略对悬臂梁破坏的解释

这是一张伽利略根据矩形梁强度的计算结果绘制的插图。尽管他得到了一个错误的常数值，但这个数值对于讨论强度的比值显得无关紧要。如果一块木板被平放和侧放，那么两种情况中的强度比可以简单地等同于该矩形边长的比值。一块200mm×25mm的木板，当侧放时，强度为平放时的8倍。

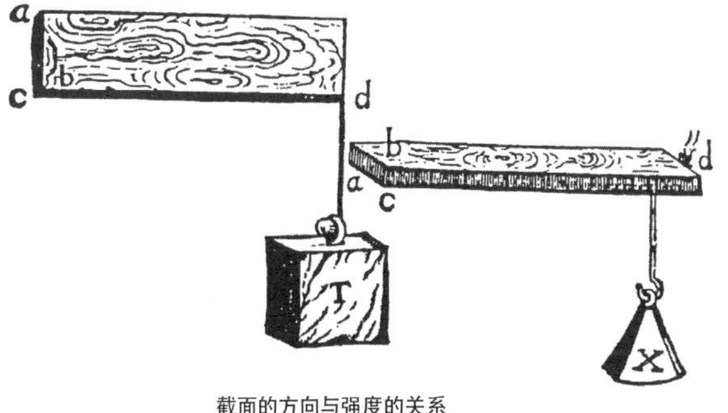

截面的方向与强度的关系

伽利略的两个类似于动物骨头的草图，其中一个是另一个线性尺寸的3倍。它们的重量比为27:1，如果两块骨头要发挥同样的作用，较大骨头必须要有图示的总尺寸。大象是陆地上现存的最大型的哺乳动物，该实例被提及。辛普利邱指出，当鲸（“尺寸为大象的10倍”）浸在水中时实际上是没有重量的。

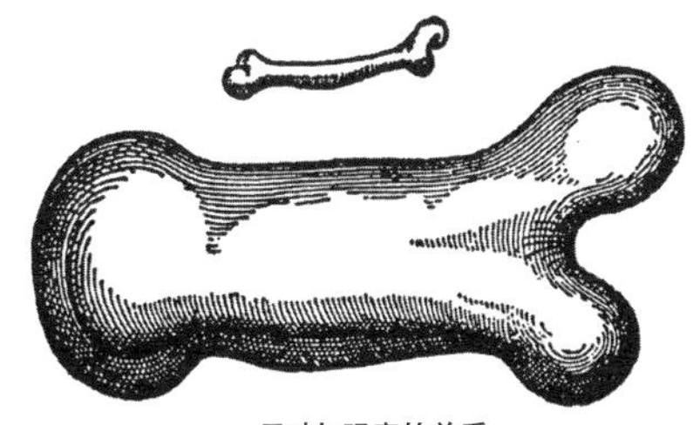
尺寸与强度的关系

受弯问题

伽利略的悬臂梁破坏问题似乎与整个结构的性能有关，但实际上在材料力学领域内只是一个比较简单的算例。结构工程师的学科分支关注于较小结构区域（如本例中悬臂梁嵌固的根部）的详细检验，用来验算是否满足区域条件。如果给定一个简单拉伸试验的结果，其能够提供材料的屈服（或断裂）应力值（用现代术语），那么该数值与临界截面处的屈服（或断裂）关系如何？伽利略写道：施加在悬臂梁自由端的荷载会造成它的弯曲，因为在悬臂梁的根部，横截面中的“绝对强度”会不由自主地与其相抗衡，从而持续这种弯曲的状态。一个简单的公式即可计算出破坏荷载的数值，伽利略含蓄地（然而的确是清楚地）指出，较小的荷载不会破坏梁身。现代的工程师在进行梁荷载的设计过程中，会采用一个安全系数，在不同情况下该系数的数值有所差异，但通常情况下约为 2，即将一根使用荷载为 5 吨的梁的破坏荷载设计为 10 吨。

因为两种例外情况的存在，结构局部条件的检验（即材料力学的问题）成为此后 200 多年里结构科学家的研究主题。其一是砌体结构特别是拱的研究，该部分内容已在本书第 3 章中有所讨论；另一例外则来自某种共识，即结构构件会产生弯曲且可能在某种条件下变得极不稳定。本书第 5 章会关注压屈的问题。伽利略开辟了一条研究路线，在其身后拥有大批的追随者。

目前尚无任何关于伽利略做过的悬臂梁破坏试验的文字记录。然而，在伽利略的理论发表之后，其他科学家确实做过类似试验，在 17 世纪末之前有很多关于该问题的讨论，并一直持续到19世纪。例如，法国的马里沃特在1686年的著作中记录了受拉和受弯试验内容，但他不能将两种试验结果与伽利略的公式联系起来，其得出一个结论——伽利略的理论肯定是错误的，为此还反复验证分析结果。

同伽利略一般，马里沃特假定当悬臂梁断裂时会围绕着墙面嵌固处的最低点转动；然而，沿着墙面越往上，纤维受到的荷载越来越大。马里沃特没有采用均匀的应力分布（发挥截面的绝对强度），而是采用线性分布，马里沃特推导出的梁的强度比伽利略预测的低，他给出的公式与其实验结果十分吻合。

实际上，理论与实践之间的一致性只能是近似的，即便如莱布尼茨和詹姆斯·伯努利这类杰出人物介入其中，依然无法获得新的突破，但至少证明了该问题的重要性。然而在1713年，帕伦特从中发现了一处瑕疵——伽利略的均匀应力分布和马里沃特的三角形应力分布都会合成一个作用在悬臂梁端部的水平拉力，而在理论上没有假定存在这样的拉力，试验中也没有施加过拉力。帕伦特得出了一个结论：人们应该假设梁顶部的纤维为拉伸而底部的纤维为压缩，这样就能避免在悬臂的根部出现净压力或净拉力。如果分布于悬臂梁上的应力在截面高度上呈线性变化（帕伦特认为实际上不必假定线性分布），则抗弯强度计算给出的系数为1/6，而不是伽利略给出的1/2或马里沃特的1/3。第一次，科学家能够对梁的断裂方式给予合理、正确的数学描述，但是三个系数值中没有一个与试验相符——1/2可能较适用于石材，1/3可能较适用于木材，而1/6这个理论上的正确数值，似乎与悬臂梁的断裂并未有太多的关联。

这是吉拉德（1798 年）在法国大革命期间[2]出版的一本书中的插图。图中形象化地解释了一根悬臂梁断裂的条件，如图 a，这源于伽利略的理论，其中截面的所有纤维所受应力是相等的（用作用在滑轮上的相等砝码表示），图 b 表示马里沃特的理论，其中纤维产生的应力与其离支点 A 的距离成比例。尽管伽利略已经在固体（如石头或木头）中采用了假想的“纤维”概念，但他所假想的纤维所受应力都是相同的，事实上，在梁的高度方向上的“应力”变化可能极为复杂。两种理论计算有共同之处——矩形截面梁的强度与其宽度及其高度的平方成一定比例，但伽利略的系数是 1/2，而马里沃特的系数是 1/3。吉拉德在 1798 年提出的观点认为，伽利略的理论最适合石材而马里沃特的理论较适合于木材。

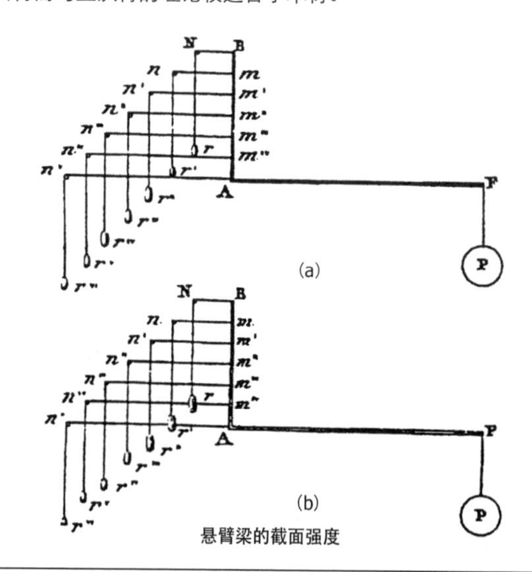

悬臂梁的截面强度

2 “在法国大革命期间”的原文是“in Year 6 of the Revolution”（在法国大革命的第 6 年）。法国大革命于 1789 年爆发，而吉拉德的书出版于 1798 年，原文中的“Year 6”似应为“Year 9”。——译者注该图表示假设梁遭到破坏时，作用在悬臂梁端部的应力的几种可能性方式。图（a）与伽利略采用“绝对强度”的概念（1638年）相呼应，图（b）则对应于马里沃特的线性分布理论（1686年）。这两种应力的分布方式都会在梁端部形成一个水平合拉力，而这个水平向力在理论上或实际中都是不存在的。实际上马里沃特已经考虑了图（c）的分布情况，该图中截面上半部分的拉力恰好与下半部分的压力相平衡——然而，马里沃特在自己的工作中犯了一个算术上的错误，所以没有深入地研究下去。帕伦特（1713年）表明，如果要满足平衡的话就需要考虑一些像图（c）这样的，即梁上没有水平拉力的应力分布情况。

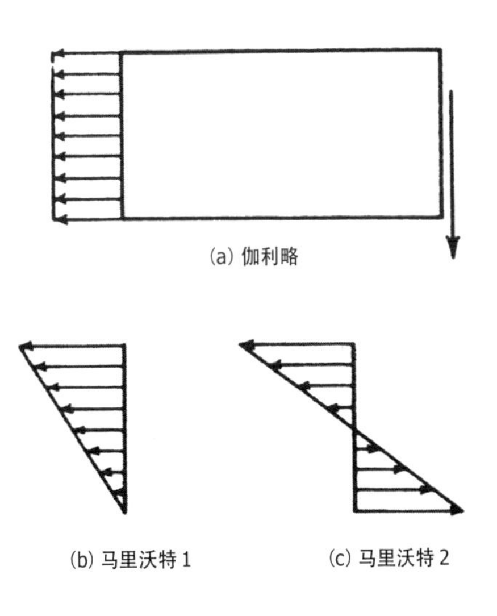

梁截面上的应力分布假定

在帕伦特的成果发表不久之后，第一部全面的"土木工程实践标准规范"——贝利多的《工程师的科学》（*Science des ingénieurs*），于1729年正式出版，全书共分6册。该书的影响力延续至18世纪结束。贝利多的研究领域涵盖岩土工程问题（土压力）、拱的设计、材料的性能及说明书和合同的起草。这些手册可谓是当代的"维特鲁威"图书，就连形式都很相似，例如其中一本就被用来描述古典的法式、柱的收分和凸肚状等等。这只是一个现代工程师从科学发现中提炼出设计规则的早期实例，而非真的打算对以往规则提出任何理论基础。贝利多在书中也讨论到梁的强度，他本人也了解帕伦特的早期工作，虽未提出新的理论，但也表达了一些实用性的设计规则，事实上，这些规则主导近半个世纪，直到库仑第一篇科学论文的出现。

1773年，库仑提出的四个问题之一即梁的断裂问题；他在大学就读期间采用贝利多的《工程师的科学》作为教材，并且也了解伽利略的工作，但由于封闭在马提尼克岛上写作，他重复提出了许多他人业已发表的理论。实际上，没有人曾关注帕伦特的分析，因为其研究成果被发表在又小又厚的多卷本中，降低了阅读性；库仑对于问题的描述则异常清晰。相比之下，后者对弯曲问题的攻克具有真正的再发现意义。库仑本人是一位伟大的实验者，他发现石材和木材表现出的性能极为不同。建立在满足力学要求（例如，梁上没有拉力）的常规方法基础之上，其提出了分别对应于这两种材料的理论。库仑断言，伽利略的1/2系数似乎最适合于石材，但没有对照自己的实验结果来证明他和帕伦特给出的1/6系数是否适合木材。在18世纪与19世纪交替之际，历经了法国大革命和恐怖统治时期，巴黎综合理工学院（1794年成立）的标准教材坚持收入了伽利略的石材公式和马里沃特的木材公式（系数为1/3）。

纳维与《讲义》

帕伦特/库仑的弯曲理论演变为库仑/纳维理论。克劳德·路易·纳维（1785—1836）从1802至1804年间在巴黎综合理工学院求学，后来转学到国立路桥学院。毕业后，他成为一名路桥工程师，最后又返回校园执教。1813年，纳维修订了贝利多的书，不久之后开始发表很多结构领域的科学论文，包括平板的弯曲、悬索桥等理论。其最具影响的工作成果当数1826年出版的《国立路桥学院讲义》（*Résumé des Leçons données à l'École Royale des Ponts et Chaussées*，简称《讲义》）。因为这些讲课笔记仍然包含一些错误性的理论，伟大的弹性力学家圣维南于1864年修订了纳维的著作——采用脚注的方式对教材内容进行了大量的更正和补充。除此以外，纳维关于剪应力的处理方法尚无清晰的概念——下文会针对此方面有所讨论。

《讲义》的重要性在于其题目的广泛覆盖面。该专著不仅讨论了材料力学领域的问题，如弯曲造成的局部破坏（伽利略的问题），还揭示了压屈理论（第5章），以及象征结构力学理论开端的关于处理超静定结构的一般性理论（第6章）。《讲义》实际上是第一本关于结构分析的现代教材，书中的科学理论旨在确定具备特定结构功能的构件尺寸。

对于纳维的结构分析理论，业界的看法较为统一。纳维明确地指出，工程师对结构倒塌时的最后以及极限状态不感兴趣，工程师更关注于如何防止倒塌。因此，伽利略式的关于一根梁的破坏强度的计算不是合适的方法——保证在特定荷载下结构的安全才是工程师关心的问题。为此，工程师必须计算荷载作用下结构中的应力，并确保应力在材料的弹性极限以下。

由此形成了纳维的设计原则，并在1826年著作中被具体化。马里沃特推导出线性弯曲理论的公式，帕伦特和库仑发展了该理论。参考虎克定律，线性弯曲理论可以从物理学角度来解释何为线弹性理论。弹性变形是可恢复的，一个加载然后卸载的结构不会产生永久的“形变”。而由于所有的公式都是线性的，荷载加倍（在弹性极限内）则挠度加倍。石材的刚度远大于木材，经常被视作“刚性的”；更准确地说，石材是脆性的，至少与木材相比是如此，当石材被加载至破坏点时，的确能够表现出某些线弹性性能。相比之下，木材具有更大的“弹性”：不仅结构变形更加明显，而且具有一些“延性”——在超过一个无明确定义的应力限值后呈现为非线性性能。

除了以上两种材料外，在纳维的时代，铸铁开始被用于结构构件中。铸铁也是脆性的，在超过弹性极限后会立刻发生断裂现象。锻造的铁较易延展，能适应少量的永久性变形。在当今看来，对新材料以及旧材料进行的强度试验已经成为十分平常的事情，新建立的弹性理论可以如纳维建议的那样被应用——在结构临界截面的计算应力不应超过弹性极限的一定比例。破坏荷载并未被完全遗忘，众多最新结构材料（如19世纪后期开始采用的低碳钢）的试验结果表明，即使应变较大也难以引起断裂。可以令一根钢（或锻造铁）杆发生永久性弯曲，并在临界截面产生折裂，即所谓的受弯塑性铰。

圣维南于1864年修订纳维的著作时，用一种理论性的方法考虑到此特性。假设弯曲应力为一般的非线性分布，通过处理方程中的常数即可包容所有的理论——从伽利略到马里沃特再到库仑。所需要的仅仅是多做些实验，然后将公式中的常数变化为与实验相符的经验值。如此一来，工程师就可以对作用在结构截面上的任何力所引起的结果进行预测。

然而，最简单的依然是线弹性理论，其成为结构设计中的主要理论。在纳维以及所有精英们的科研成果的影响下，结构分析得到了进一步的发展和完善。

剪应力

作用在伽利略式的悬臂梁自由端上的荷载引起了梁的弯曲；在临界截面（悬臂的根部）弯矩值最大，这正是即将发生断裂的地方。在使用状态下，截面仍然具有弹性（正如纳维所希望的），梁的上部纤维受拉，底部纤维受压，在梁的整个高度内，弯曲应力从一种状态顺利地过渡到另一种状态，在中心线上为零。所有这些结果来自帕伦特、库仑和纳维本人的正确的数学方法。尽管伽利略和一些后继者有时将该理论应用于圆木材料，但通常情况下梁的截面为矩形。

19 世纪中叶，布鲁内尔那样的工程师们已经开始选用铸铁结构构件，他们意识到，靠近梁中心线的材料应力远小于表面处，材料存在浪费的现象，为此，工程师们发明了工字型截面的钢板梁。大量的金属材料集中于梁顶和梁底，这些翼缘板（采用角钢和铆钉或螺栓，以后又通过焊接）连接到钢板（腹板）上。这样，受拉的顶部翼缘和受压的底部翼缘提供了截面的抗弯强度，而腹板将两块分开的翼缘连为一体，从而形成稳定的结构状态。

图（a）为工字型截面梁，它的开发使材料的使用更为经济。在梁的顶面和底面放置的两块翼缘板（FLANGE）对于抗弯是最有效的。竖向荷载——剪应力也必须被梁承担，并沿着梁的长度方向从截面中相互传递，这些“拽”力主要由工字型截面的腹板（WEB）承担。在通常情况下的土木工程应用中，受弯的翼缘和受剪的腹板两种计算可以分开进行。然而，当工字型截面承受侧向荷载而非竖直向荷载时，强度是较低的；即使侧向荷载不存在，截面在纯竖直荷载下也可能产生侧向压屈。采用相同数量的材料，将腹板一分为二，就可以形成图（b）所示的箱形截面，这种形式要稳定得多。对两种截面简化的基本结构计算完全相同，但会出现箱形截面中的剪应力实际上“流”入翼缘的情况，而在工字型截面的翼缘实际上不存在剪力。航空工程师十分了解此事，但设计常规的地上结构的工程师起初并未察觉——这就是引发澳大利亚、德国和英国的第一座箱形梁桥倒塌的根本原因。

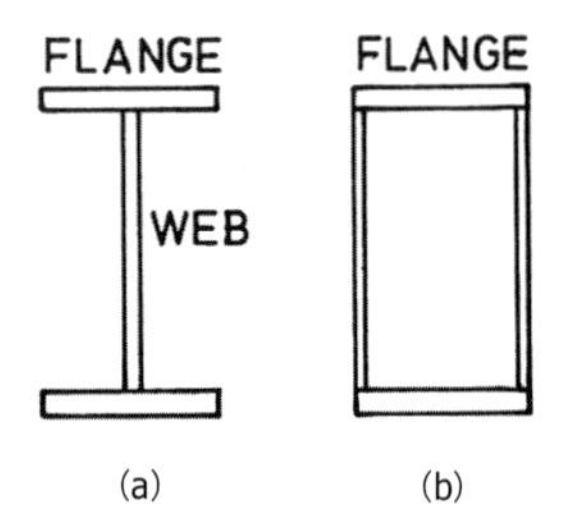

工字型截面与箱形截面

然而，工字型截面梁中的腹板还有另一个结构功能。施加在悬臂自由端的荷载会引起弯曲，荷载必须沿梁的长度方向在截面之间传递，最后在悬臂的根部对支承结构施加一个向下的作用力。此竖向力为剪应力——每个假想梁的竖直截面将其相邻的截面向下拽。在矩形截面梁中存在这种作用力，库仑曾最先提及此问题。事实上，该作用力对矩形截面梁未造成任何影响，所以库仑有意地选择忽略它。工字型截面梁中的腹板在截面之间传递竖向力方面起到同样的抗剪切作用，关于其设计应给予重视，例如腹板不能太薄，否则一旦竖直荷载产生了较大的剪应力，在此作用下的腹板会遭到破坏。

剪应力——拽动截面的应力，似乎与由弯曲引起的截面上的压力和拉力是不同的类型。数学层面的应力分析的确较为复杂，因此纳维在 1826 年的时候还不能做此类分析，尽管当时的数学家已经开始关注于此。就工程设计而言，直至 1864 年，圣维南修订纳维著作之时才解决这个问题，如出现了工字型截面梁设计的简单条例。这些条例最终被收入设计手册，工程师可以迅速地估算土木工程中必需的钢构件尺寸。

进入 20 世纪，航空工程师取得了不同类型的进步。如果飞机要真正地飞翔，其结构构件必须尽可能地纤细，截面的厚度减到最小。与钢材相比，飞机采用的铝合金材料价格昂贵，但更加轻薄，而强度则不相上下。结构构件的截面为薄壁型，工程师们很快发现箱形截面的构件最为经济。在构件的设计中，精确地分析应力显得尤为重要，剪应力在箱形截面中的分布与工字梁中的分布情况截然不同。此时，剪应力已不再主要局限于腹板，而是能在截面的翼缘中引起很大的压应力。

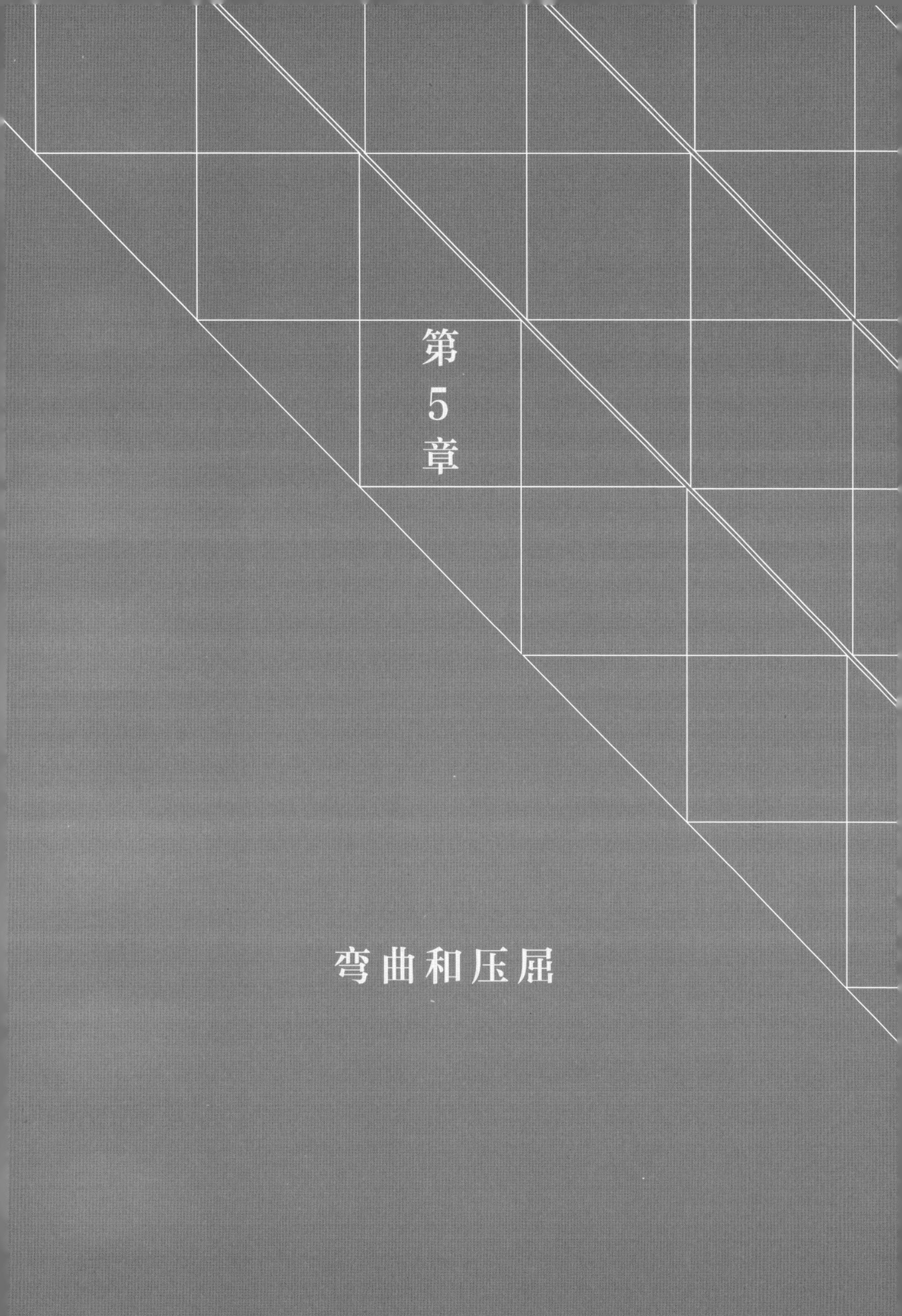

第5章

弯曲和压屈

伽利略没有推测当自由端受载时悬臂可能呈现的形状，尽管在 17 世纪结束前其他人已在关注这个问题。可能此问题还没有显示出它的重要性，一方面，某些人认为它的确不够重要；另一方面，用当时已有的数学工具也难以将其解决。自希腊时代开始，一些曲线逐渐为人们熟知，例如圆锥曲线（椭圆、抛物线、双曲线），但没有通用的数学方法可用于描述更为复杂的形体。一场著名的争论出现在 20 世纪结束时——究竟是牛顿还是莱布尼茨发明了微积分？数学知识的匮乏导致虎克停下了继续寻找悬链形状的脚步（1675 年）。因此，尽管巴蒂斯在 1673 年就已经清楚地认识到静力学的基本规律——杠杆定律，绞盘、齿轮传动链中的力，等等，但没有数学证明，他不得不断言自由端受载的悬臂的弯曲形状是抛物线。这似乎是关于此问题的最初的讨论，但可惜巴蒂斯的断言是错误的。

到 1670 左右，牛顿的流数法（微积分）已经得到了很好的发展；该方法可用于讨论运动问题，如速度与距离之间的关系。此前已有类似先例，1635 年卡瓦列里已将数学方法应用在力学学科中。伽利略的第二门新科学（1638 年）正是关于运动的研究。然而，与以往相比，微积分的适用范围更广泛，数学家借助微积分能够解决数量正在（在空间或在时间上）连续变化的任何问题。例如，关于伽利略提出的悬臂问题，离自由端荷载的距离越远，梁中的“弯矩”数值越大，并且作用于每个截面，在根部时弯矩达到最大值。两手分别握住一根直木条的两端，同时用力使其弯曲，此时的木条一定清楚地呈现圆弧形状。但同样形状的一根木条——伽利略的梁，受到变化弯矩时是什么形状？

1691年，詹姆斯·伯努利通过采用微积分解决了这个问题。这位物理学大师声明：处于纯弯的圆弧曲率（即圆半径的倒数）与弯矩值成比例。这个论断分量十足且最初以拉丁文字谜的形式隐藏起来。对于伽利略梁的每个无穷小部分而言，若荷载的弯矩作用已知，那么也就知道了局部的曲率半径，“积分”可以计算出梁的总体形状。书写方程式足够容易，但求解却存在很大问题。詹姆斯·伯努利并没有解决工程问题，只研究了一个数学问题，他想获得一种能够精确表达挠曲的梁的形状的方程式，不论梁的挠度是多大。

约50年后，詹姆斯的侄子丹尼尔找到了一种可极大地简化数学分析的工程方法。如果一根梁应用于实际建筑中，那么它将产生较小的挠度（与结构的总尺寸相比较小）。挠度往往较小，因此它们并非结构设计的决定性准则。一座砌体大教堂在雪或风载下不会产生可见的变形，所以伽利略对他所考虑的结构类型，主要关注强度而不是刚度的做法是正确的。然而，我们将会看到，纳维在结构设计过程中采用的表达式需要能够计算变形，即使那些变形与结构功能的重要性相比可以完全被忽略。然而，在此之前的一个世纪里，丹尼尔·伯努利认为如果梁的挠度确实较小，在基本方程中的无用项就可以删掉，如此一来，方程就更加容易求解。在自由端荷载下伽利略悬臂的形状呈现三次曲线（而不是二次曲线，即抛物线），这完全是出于实用的目的。

丹尼尔·伯努利对于解决一些复杂问题十分感兴趣，例如确定伽利略悬臂梁（譬如音叉的叉臂）的振动频率。他不仅确定了基本频率，还确定了泛音，并且证明泛音频率与基本频率相比是无理数。也就是说，泛音频率绝不可能是基本频率的简单倍数，所以音叉发出的复音一定是不和谐的。丹尼尔·伯努利通过实验证明了自己的振动理论。

莱昂哈德·欧拉

丹尼尔·伯努利因其关于流体力学的著作而广为人知。“伯努利方程”是研究流体问题的基本方程。然而，他也在固体力学领域内展开研究，并且注意到弹性梁奇特的性能。当这类梁由直变弯时，能量被储存起来（并且当卸除荷载时可以恢复）；在荷载作用下，弹性梁呈现的形状使得储存的应变能为最小。这种性能日后会呈现出近乎神秘的特质，工程师们将此概念表述为——自然界用“最小的功”对环境的作用做出反应。然而，丹尼尔·伯努利本人可以利用纯粹的数学形式来表达应变能。

莱布尼茨和牛顿的无穷小微积分在詹姆斯·伯努利和其兄弟约翰（约翰是丹尼尔的父亲）的手中得到了迅速发展。伯努利家族发源于安特卫普，后来世代定居在巴塞尔，而莱昂哈德·欧拉则是一个土生土长的瑞士人，他是约翰·伯努利的学生。此后不久，欧拉被迅速地公认为18世纪杰出的数学家，他的微积分教材影响了那个时代的所有数学家。

欧拉建立了微积分的一个新的分支——变分法，在丹尼尔·伯努利写给欧拉的信中提到了用后者的新发明解决“弹性线”问题的挑战：要求一个具有固定长度的弹性条带从一个给定点出发（在该点以给定的斜率）并在另一点结束，该点的位置和方向已知，为了使弹性应变能尽可能减小，条带应该是什么形状？

变分法处理下面的问题：一、用一段定值长度的绳索尽可能围出最大的面积，该面积的形状如何？这个问题源于蒂朵（女王），她被允诺可以获得一张公牛皮能围起的土地面积，并用来在迦太基建立毕尔萨城堡。她将牛皮剪成细条，连在一起形成一根长绳。答案也许很明显，是一个圆，但真正的证明需要变分法。二、一个小球在引力作用下沿着一根光滑的钢丝从定点A自由地滑动到更低的定点B（B点不在A点的正下面）。如果使过程尽可能地缩短，这根钢丝应该是什么形状？答案明显为一条直线。在这个情况下，“明显的”答案却是错误的，詹姆斯和约翰·伯努利最先证明该曲线应该是一条摆线。

在诸如此类的问题中，有些量（包围的面积、下降的时间）由于受到一定的约束（绳索的固定长度、给定的点A和B），必须被最大化或最小化。变分法建立了解决（圆、摆线）问题的数学方程。

1744 年，欧拉迎接了这项挑战——在一本关于变分法的新书中增加一个附录。他轻松获得了实质性的、非常复杂的方程，并用纯数学的方法将其转换到一种可做物理推导的状态。在这个阶段，仅用最少的计算量，欧拉就能勾勒出弯曲条带可能呈现的所有形状，最后，他还做了大量的计算以给出数值结果。除了涉及数值计算的四舍五入的处理外，在这项研究中并没有进行近似性处理。弹性线可以呈现奇怪的形状，似乎与任何工程应用相距甚远。

然而，欧拉本人对他的弹性线类型 1 给予了特别关注，在这类情况中，直的弹性条带只产生极其微小的弯曲。他发现这种小的位移属于（半）正弦波位移，只有当一个可以计算的特定荷载出现时，位移后的形状才能得以保持，这是一项极其重要的、令人惊奇的研究。如果用弹性条带来表示建筑框架中的柱，那么这个特定荷载就表示柱子的竖直压力。

也许还可以换种方式来描述这个论断。欧拉本人很快地意识到，一根竖直的柱能够承担的轴向荷载有极限，而这个限值是完全可以被计算出来的，我们将其称为欧拉压屈荷载。当轴向荷载达到极限时，柱子将发生侧向挠曲并成为失效的结构构件。欧拉的计算结果说明，压屈荷载与柱长的平方成反比，即两根具有相同截面且长度为 1:2 的柱子，它们的压屈荷载为 4 比 1。实际上，这种负二次方定律已经于几年前在马森布洛克的实验中被发现。

对于传统的砌体结构而言，压屈性能不存在任何问题，例如，希腊神庙的柱子承受的荷载远低于“欧拉”压屈值。竖向承重构件（如柱）中的木截面比横向承重构件（如梁）中的木截面更危险，因为与相应的砌体构件相比，它们的比例要更细长。在 18 和 19 世纪，铁已经被用于结构工程中，也正是由于人们对“新”结构材料性能的不断探索，引起了马森布洛克和其他人的关注。他们的实验结果以及欧拉的理论，很快被教学和结构设计实践所采纳——1826 年纳维的教材完全采用了该项成果。

欧拉最初研究是在大的挠度变形的情况下，基于弹性线的一般性讨论。然当一根长度固定的条带由直变弯时，以规定的斜率连接两个给定的点，弹性线可能呈现出几种曲线形状。欧拉总共分为九种类型，其中的类型 2、类型 4、类型 6 和类型 8 见图示。其他几种类型的情况较为特殊，例如类型 5 表现为图（b）和图（c）之间的过渡状态，像一个侧躺着的数字“8”。类型 1 对工程师而言意义重大，类似于图（a）的形式，只是在直线的基础上发生了极小的变形。

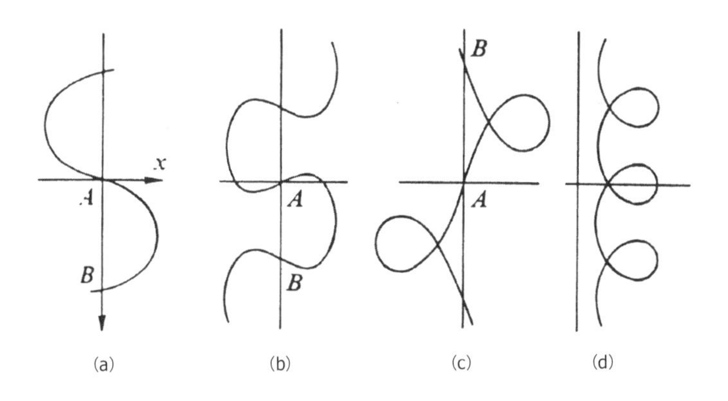

弹性线几种可能的形状

而，欧拉本人已经认识到压屈概念实际应用的重要性，他效仿丹尼尔·伯努利处理伽利略悬臂的方法重新做出分析。以往惯用的研究方法是——先列出通用方程式再求解专用于柱的工程设计的方程。然而欧拉的做法有所改变，他在分析的一开始就假定挠度较小，这样可以相应地简化方程。

压屈

当承载效率高、强度高的材料用于制作经济的、细长的构件后，压屈的设计变得越来越重要。柱的侧向压屈几乎是最简单的情况，即便如此，当考虑柱与结构的其余部分的连接方式时，计算就变得更困难。柱的端部会受到其支承的梁的约束吗？或者可以反过来问，那些梁对柱施加弯矩吗？柱顶的侧向移动自由吗？柱基被连接到刚性基础上了吗？在形成实用设计条例时，有一些问题必须得到解答。

然而，还有其他形式的结构压屈，其中的某些甚至会给分析带来很大困难，但所有的问题都呈现同样类型的特性。对一个结构（或结构的一个构件）施加一个逐渐增大的荷载，尽管结构中的内力增加且位移也许能被测量，但就结构整体而言可能看不出什么变化。然而，当荷载增加到一定程度后，会发生一些意外的变化，与柱的“欧拉”压屈颇为相似。以伽利略的悬臂梁为例，如果采用工字形截面的钢梁，或者梁的材质为又高又薄的木板，当自由端荷载稳步增加时，可能不会表现出不好的性能；然而，当自由端荷载达到某一数值，在悬臂根部达到任何极限应力前，梁可能明显移出自身的平面，不仅发生侧移，甚至还有扭转。这种情况很可能在根部产生大的应变，伽利略、库仑、纳维的简化弯曲理论都没有考虑这样的应变。尽管最初的压屈位移似乎是静态的，但大的应变会导致材料遭受破坏和结构发生灾难性倒塌。

在实际中，压屈的发生点不能被准确地观察到，不过导致压屈发生的理论荷载可以被精确地计算。以建筑框架中的一根柱为例，这种实际的结构构件不可能是完全笔直的，柱中的荷载也不可能真正处于轴心。所以，当施加在真正的柱子上的荷载增加时，起初挠度的增加幅度较小，直至达到理论压屈荷载——“欧拉荷载”时，挠度值才会变得十分明显。的确，在灾难性倒塌发生前不会完全达到理论极限。

“灾难性”一词显然是指在结构设计中应该避免的一种情况。如果结构材料具有一些延展性，并且能够经受一定的超限应变而不发生断裂，该性能将会提供给自身一些保护。在这方面，玻璃或铸铁可以被称为糟糕的材料，在现实生活中，避免使用它们的科学的、好的理由（而不是直觉）将在第 7 章中做出说明。然而，低碳钢被用于轧制的钢梁或较大的预制截面，锻造铁、铝合金、木材或钢筋混凝土（在它出现后）在某种程度上都具有较好地承受超限应变的能力，构件中的“折裂”并不意味整个结构有危险。

即使材料本身是延性的，压屈性能却是“脆性的”。当一根低碳钢柱的荷载达到“欧拉”压屈值前，材料表面安然无恙；然而，一旦达到极限水平，巨大的侧向挠度将迅速导致材料发生屈服，也许整个结构会瞬间倒塌。无论设计师选择何种方法来计算结构中的受力，或者以何种方式确定结构构件的尺寸，都必须避免压屈。

在过去的两百年间，欧拉的成果已经被广泛应用于许多重要的实际情况中，例如建筑框架梁的侧向扭转压屈或航天结构薄壁的起皱（完全可以是一种稳定的和非灾难性的压屈形式）。这个理论比较复杂，必须将它简化；而且，制作和安装中的缺陷对计算的影响较大。该理论的可取之处在于，即使不能明确地计算出压屈荷载值，构件尺寸的细微调整也能给这些数值带来一些明显的改善。例如增大建筑框架中柱的尺寸，或者略微增加机身材料的厚度，与实际上需要达到的要求相比，设计者认为如此得到的计算荷载值是完全安全的。

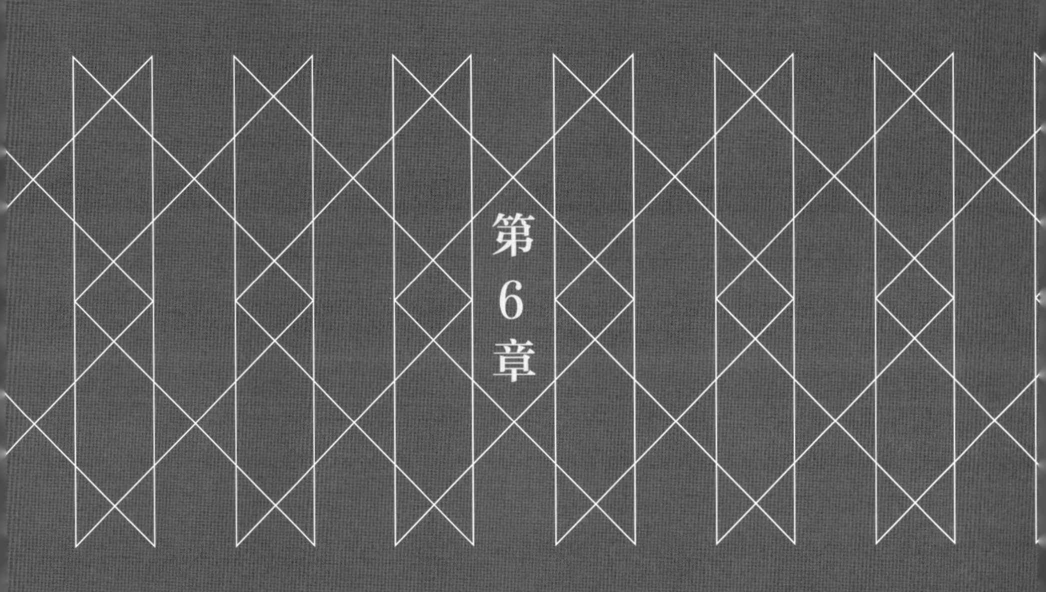

第6章

结构理论

伽利略清楚地认识到，安放在三个支座上的梁可能会承受到工程师没有预想到的力。当重量已知时，两个支座足以支承梁，采用简单的（伽利略完全懂的）静力方程能够求出支座力。实际上，这个简单的结构是静定的，一旦确定了支座力，可以进一步用方程式直接计算梁的内力。正如本书第 4 章所总结的——材料力学理论可以用于确定梁的合理尺寸。

相比之下，第三个支座的引入使梁的结构成为静不定的或超静定的，如此一来，不能依靠简单的静力学方程求得三个支座的反力。从计算方法上来说，因为只能得到两个相关的方程，它们不足以确定三个未知量。伽利略本人没有深入研究下去，他也没有给出任何超静定结构的一般分析。不过，在其关于柱子遭受破坏的计算书中，简述了不同的讨论思路，伽利略在这里考虑了位移而不是力。很久以后，这种思路被证实能够作为一种灵活而有力的方式来解决结构分析的相关问题。伽利略出于自身的理解而阐释了水平放置的柱的破坏现象，他认为安放在两个支座上的梁不会发生这样的意外。如果静定梁支座中的一个因为腐烂或者其他的原因而沉陷，那么梁的确会发生轻微的移动，但作用在梁上的力不会变化——静定梁的静力学解答是唯一的。假设超静定梁下的三个支座中的任何一个发生腐烂，即使此支座产生的沉陷较小（哪怕是无穷小），也会极大地改变作用在梁上的力系，从而改变梁的内力。在伽利略的计算书中可以看到，插在梁下中间位置的支座处所产生的弯矩是如此之大，以至于梁在该处发生了断裂。

对超静定结构中的已知荷载产生的内、外力的计算，构成了结构力学的主要内容。

纳维之前的成果

虽然从某种意义上说，伽利略已经初步构建了结构力学学科，不过他对该学科并无实质性贡献。他的研究主要集中在静定悬臂梁的破坏强度方面，同时开辟了一个全新的领域，由此可以将数学方法应用于其中。其他科学家（例如 17 世纪的马里沃特以及贯穿 18 世纪的其他研究人员）通过实验表明，伽利略的研究结果的形式正确，但欲使其理论与实验相互吻合，则还需对数值进行修正。

马里沃特对支承在两个端支座上的静定梁——“简支梁”进行了试验。同时也对一些固端梁进行了试验，这些试件的端部被插入榫孔，两端位置得以固定且不能转动。这样一种“夹持”的梁是超静定的——端部的夹持力不能仅从静力方程求得。然而，马里沃特没有受到任何类似概念的困扰，他注意到，当梁中间发生断裂（如简支梁的情况）时会发生倒塌现象，而且正如预见的那样，一旦端部（此处梁被放置在刚性程度不同的的榫孔中）断裂梁也会随之倒塌。事实上，处于倒塌状态中的梁变成了静定的，这是现代塑性理论的重要成果之一，该成果将在本书第 7 章中讨论。马里沃特发现，固端梁的倒塌荷载正好是简支梁相应值的两倍，该结果与塑性理论的预测完全吻合。

在 18 世纪末，吉拉德做了类似的纯理论性的倒塌分析研究。他清楚地阐述了自己的研究方法，即可以采用静力学方程来解决问题。实际上，吉拉德将他的分析扩展到对等间距支座梁的讨论，如探讨了伽利略的超静定问题（三个支一个刚性的支座支撑着图（a）中悬臂梁的右端，该悬臂梁是超静定的。以图（b）为例，如果将该支座拿掉，梁就成为静定的，在荷载 W 作用下，梁端会产生一定大小的挠度，譬如△。如果支座反力具有一个数值 P，当数值 P 单独作用在悬壁梁的自由端时，如图（c），梁端挠度具有相同的数值△，那么梁将恢复到图（a）的情况。因此，为了解决图（a）这个看似简单的问题，必须进行梁的弹性弯曲分析。图（a）中的挠度是明显夸张的，如果该梁代表一个真实的结构构件，实际的挠度是很小的。

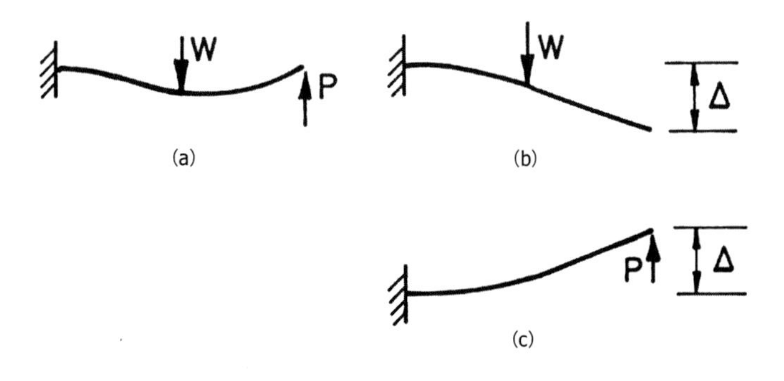

超静定梁的受力和变形

座的梁）。因此在 18 世纪结束前，倒塌性能的概念已经出现在巴黎综合理工学院和路桥学院的教学内容中；同时，这些学校也十分熟悉丹尼尔·伯努利的弹性弯曲方程、欧拉的压屈分析及弯曲应力的材料力学问题。如上所述，应力的线弹性分布已经被公认为弯曲问题的正确答案，即若要保证材料的安全性则需确保最大应力不超过材料极限强度的某一比例。

因此，倒塌状态并非研究人员感兴趣的内容，任何情况下的倒塌仅仅是一种假设，因为它只会发生在荷载超出安全系数的条件下。工程师若要求自己的建筑站得稳、不倒塌，必须检验结构的使用状态。因此这也就成为结构力学领域内亟待解决的问题——如何确定在规定荷载作用下超静定结构的实际状态。

纳维 1826 年的《讲义》

在第 4 章中提到，纳维曾经在巴黎综合理工学院和路桥学院求学，所以他可以充分地接触两所学校里收藏的所有科学著作。1830 年，纳维被任命为路桥学院的教授，此时他在此任教多年，也已经公开发表了自己的教学笔记——1826 年的《讲义》。该书综合性地叙述了土木结构工程师需要掌握的知识，例如书中第二册讨论了流体问题和机械零件设计的问题。

第一册涉及结构工程问题，特别是第四节阐释了纳维设计准则，该准则指导结构工程师的活动长达一个多世纪。在第四节之前，纳维讨论了材料力学方面的问题，这在第 4 章中已有所叙述（只有这第一节被 1864 年圣维南的著作扩展为较大篇幅）；第二节关注岩土工程问题；第三节专门讨论砌体拱。

纳维著作第一册的第四节是关于木结构的性能和设计。在 1826 年的时候，梁的材质多为木头，书中第一节是关于应力的计算，假定梁中的结构内力是已知的。在关于内力计算方法的章节（书中第四节），纳维列举了一个修正的伽利略悬臂的例子，在这个例子中，静力学方程已经不能满足要求。他设想不在梁的自由端而在其长度之内的某点对悬臂施加荷载，伽利略的悬臂自由端在此种荷载作用下会产生略微挠曲。然而，若在该点处架设一个刚性支座，修正的悬臂梁在自由端的挠曲将被阻止。如果支座力的大小已知，那么整个梁的内力就能够计算出来。但关键在于如何计算？

纳维清楚地知道如何找到这个问题的答案。静力平衡方程必须仍然成立，但它们本身不再足以确定答案。支座力是由梁在荷载下弯曲的趋势引起的，因此在分析中必须引入对梁的挠曲形状的某些描述。以下所有的科学资料都可用于该分析：詹姆斯 · 伯努利明确指出梁的弹性曲率与每点处的弯矩值成比例；丹尼尔 · 伯努利已经表明如何建立弹性弯曲的微分方程来确定梁的挠曲形状。因此，纳维能够书写这些方程，并假设在悬臂根部的挠度和斜率以及在自由端的挠度均为零，由此可以求解。通过这个分析，马上就能求出作用在自由端的支座反力数值，这样就能够获知梁的实际状态。

如果对计算的组成部分进行仔细分析，不得不由衷地赞赏该研究的高明之处。对于如何解决一个超静定结构问题必须要做出三项规定：

（1）写出平衡方程。作用在结构上的内、外力必须符合静力学定律（例如，牛顿的作用力和反作用力等值反向的定律）。如果这些方程可以确定结构的作用力，那么该结构是静定的；否则还必须做两个进一步的规定。

（2）写出表达结构内部作用的弹性方程。例如，梁中的弯矩产生的曲率成一定比例，受拉的直构件的伸长值与拉力值成一定比例等。发生在结构内部的力的细微变化，能构成更为精确的描述。

（3）这些微小的变形必须满足某些几何学的协调性规定。例如结构构件在变形前后必须协调一致，变形必须满足结构上的任何外部约束。

因此，对于纳维的被支撑悬臂而言：首先，平衡方程可用于梁中内力的求解，但也只限于自由端的未知支座反力；其次，可以用弹性方程求得梁的弯曲变形，但仍只限于自由端的一个未知支座反力；最后，梁两端的挠度以及根部的斜率必须为零，才能确定支座反力的正确数值。

纳维在对桁架结构的讨论中再次利用了这种常规的解决方法——采用应力状态（名义上）为纯拉或纯压的直杆组成桁架结构。古人早已知晓一个规则——将三根杆件在端部铰接在一起形成的三角形能构成刚性的平面结构。这种三角形规则可以得到进一步扩展，例如增加更多的构件形成大跨度的桥梁。建于公多瑙河上的图拉真式桥（细部构造源于图拉真纪念柱）约建于公元 100 年，由大马士革的阿波罗多罗斯主持建造完成。该桥为木拱加桁架结构，共有 20 个砌体桥墩，跨度超过 30m。

图拉真纪念柱上的浮雕

元 114 年的图拉真纪念柱上的浅浮雕显示了多瑙河上的这种木桥构造。很久以后，帕兰朵设计了不同类型的木桁架桥，跨度通常约 30m，到了 18 世纪末，这种桥的跨度已经超过 100m。桁架中开始采用铸铁和锻铁，大约在 1840 年，两种材料已经被用于美国的铁路桥建设。不过在纳维（1826 年）成书之时，金属结构尚未普及。

纳维展示了自己对带附加构件的简支二维木桁架的分析过程：两根杆件连接到地上形成一个简单的刚性框架，一根附加的杆件令桁架成为超静定。（纳维指出，该方法同样适用于三维桁架。如三脚架是静定的，因为增加的附加支座又会形成一个超静定结构。）因此，仅凭静力学方程式尚不足以确定杆件内力的数值，分析中还必须增加另外两组方程式。设想桁架结点产生数值未知的较小位移，每根杆件的延伸长度能够根据这些位移来确定，杆位移动后仍然保持整体性，而结点的位移必须与杆的伸缩相互协调。最终，弹性方程将杆的内力与自身的延伸长度联系起来，从而获得用于解答问题的足够数量的方程式。

常规步骤是很容易理解，但由于下面两种原因，实际的计算过程可能过于繁琐。首先（虽然讨论的是桁架问题，但对任何结构问题都具有普遍意义），变形的几何分析较为复杂；其次，即使可以找到简化这种分析的方法，但有待求解的方程数量很大。在电子计算机尚未发明之前的 19 世纪，科研人员付出了巨大的努力，去寻找能将劳动量保持在可控范围内的方法。

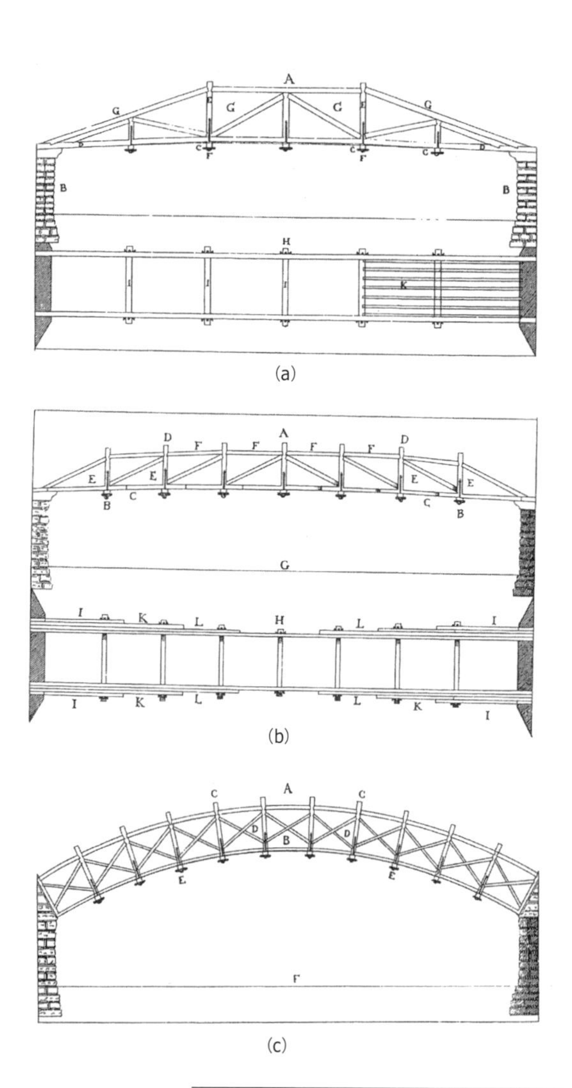

(a)

(b)

(c)

帕拉第奥的《建筑四书》于1570年在威尼斯出版，此后迅速产生了巨大影响。帕拉第奥主义流行于整个欧洲，并被依理高·琼斯带到了英格兰（例如1620年白厅街的国宴厅）。这四卷书的编排令人回想起维特鲁威的《建筑十书》。其中，卷一是关于材料、技术和规则的研究；卷二的内容是私人房屋（“别墅”）；卷三包含了桥梁设计；卷四则关注于罗马的神庙。

帕拉第奥充分地认识到一点——在木结构中可以利用三角形规则获得刚度，他绘制了位于西斯蒙的桥（已经不存在），如图（a）所示；还创造出另外三种桥梁形式，两种见于图（b）和（c）。这些桥梁的构造极具独创性，对其做了细致的描述，尽管他没能给出模板或脚手的详图——我们不得不假定这些构件能够按要求支撑直到桥梁建成。在图（a）中，首先放置支撑桥面板K的横向构件I——托架；长长的下弦杆D紧贴着托架I放置并横跨于两岸之上；杆E被安放在弦杆的顶上，这些杆件每根的侧面都被锚上铁狭条，铁狭条穿过托架中的洞，固定在底部F处；最后添加上弦杆GAG和斜撑，桥梁就完成了。此时，任何的临时支撑结构都可被移除。图（b）和图（c）的施工顺序与图（a）相同。

即便帕拉第奥的其他三个设计只是理论上的，至少图（a）是以一座实际桥梁的施工为基础。然而，有两点特征说明帕拉第奥本人似乎不可能深入地从事桥梁施工。图（a）中上弦杆GAG的结点正确地表明弦杆受到压力作用；相反，在路面处的下弦杆受拉。该桥梁跨度据称达100英尺（约30m），但将木料连接形成如此长的有效受拉构件非常困难，针对此问题没有进行任何讨论。其次，尽管图（b）的桁架形式极为有利，但材料的建议完全是错误的——下弦应该朝中心方向加强而不是朝端部加强。

图（c）指出了木构件模拟砌体拱的有效布置形式，实际上，它在结构上所起的作用就像一个砌体拱。

这是纳维在《讲义》（1826 年）中讨论超静定桁架所用的插图。该桁架的所有构件位于一个平面内，在 A 点等处固定于地面；它们在 C 点相交，并铰接在一起。左图中的所有杆件都预计为受压，而在右图中有两根杆可能为拉力杆。纳维并没有讨论如何利用两个平衡方程式来确定三根杆的受力值——通过这两种形式的桁架只能得到两个平衡方程。纳维说明了如何采用其他的结构方程得到一个弹性解答。

纳维没有意识到一个事实：除非桁架的三根杆件做得长度完全正确，否则当它们在结点 C 安装在一起时，杆件必然产生应变。这种在没有任何外部荷载的情况下可以存在应力的状态是超静定结构的一个特点。

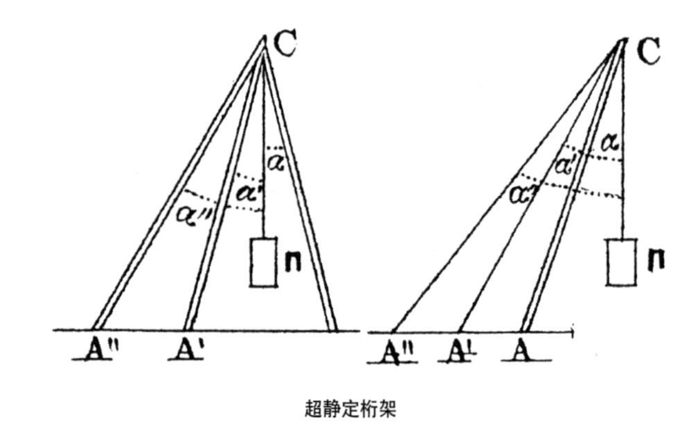

超静定桁架

工作的简化

桁架静力学方程的处理比几何方程要容易得多。1864年，詹姆斯·克拉克·麦克斯韦对桁架问题做出卓越的贡献，他的研究涉足许多领域，不仅局限于电磁波的研究。实际上，麦克斯韦在自己19岁时（1850年）就发表了一篇关于“论弹性固体的平衡”的文章，文章提及的问题范围十分广泛——从梁的弯曲和扭转直至处于转动危险的离心应力。他一生致力于固体力学及热、电、磁领域的研究工作。1864年，在一篇没有插图但明晰又严谨的论文中，麦克斯韦表明了自己的观点：变形的几何分析可以用更为简单的静力学问题代替。

麦克斯韦定理直接来源于这部著作。定理看似随意，却为弹性结构分析打开了一扇门。概括地（并用类似于麦克斯韦本人的风格）说，如果在一个弹性结构的A点施加一个已知力，在B点会产生相应的挠度；反之，如果将这个已知力施加在B点，在A点将产生相同的挠度。

更能概括互等定理的论述由贝蒂在1872年独立完成，到了20世纪，实验方法能够为弹性方程提供解答。我们已知，早在17世纪就已经出现小比例模型试验，不过结构工程师似乎偏好分析多于实验。然而，在19世纪中后期，一些针对没有理论支持或者发展尚未健全的问题（例如复杂的压屈问题）而进行的实验获得了重要成果。所有的试验的进行过程都较为直接，首先将结构构件做成真实比例的复制品或模型，然后通过试验观察它们在荷载作用之下的性能。一些模型具有独创性，例如为了更便于观测而采用硬纸板代替铸铁板，如此也能说明研究人员掌握了比例规则和模型理论等知识。没有人在乎是否对诸如桁架和梁等结构试件进行直接试验，因为纳维的弹性理论已经完全解决了这些问题。

模型试验可以为数学方程提供解答，这种试验并非试图重现真实结构的实图（a）表示一个弹性结构，它可以是钢格构桁架，也可以是钢筋混凝土梁结构或砌体拱结构。在A点处有一个确定数值为P的力作用在已知方向，结果在点B的某个方向发生挠度δ。在图（b）中，力P现在被施加在B点；在A点将会测得数值相同的挠度。

图（c）表示悬臂梁的自由端被加上支座的情况，即纳维所分析的超静定梁。梁上的荷载P将在相同的点X产生一个弹性挠度δ，该图所示为梁的完整挠曲形式。互等定理指出，如果在X处施加荷载P，在A将测得相同的挠度δ。因此该图可以被解释为一条弹性影响线——当荷载从梁的一端移动到另一端时在固定点A处的挠度图。

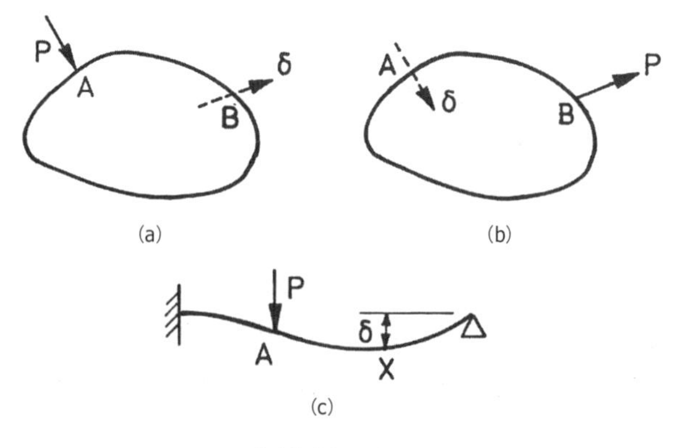

麦克斯韦的互等定理

际性能，而是利用麦克斯韦或贝蒂的互等定理，制做一个适当的模型来重现实际结构截面之间的弹性性能。除此之外，还可以选用任何材料来制作模型，例如在 1927 年，贝格斯建议可以选用赛璐珞，因为利用这种刚性的卡板能计算出不太精确但仍然可以接受的结果。不对该模型加载，而用特定的方法使其变形，记录任何所需截面产生的位移。这些位移通过互等定理转换为力，一旦采用特定的加载系统，简单的实验能确定结构中的内力。用这种方法，避免了所有繁琐的数学分析，结构本身（或更确切地说是结构模型）即能满足必要的分析结果。

到了 19 世纪下半叶，出现了一些方法，能够大大地减轻在求解大量的方程时所耗费的巨大工作量。某些属于纯数学方法——通过采用数值方法得到近似的解答，如此一来，人工消耗只占据了精确分析所需精力的一小部分，但近似计算却可以达到所要求的精度。类似的（用 20 世纪建立间接模型所遵循的方法），数学分析可以表现在绘图板上，例如在瑞士和德国发展了“图解静力学”的方法，这种方法成为结构工程师可选用的工具，并且在 20 世纪发挥了重要作用。麦克斯韦对一些与图解方法相比较为落后的数学分析方法作出了贡献，促进工程师们有意识地将这些成果用于实际问题的解答。

麦克斯韦也注意到弹性结构中储存的能量意义，不过并没有深入地研究这些想法。前文提到，伯努利和欧拉已经采用应变能的定义来解决处于弯曲状态中的弹性线的形状问题——变分法能够确定弯曲条带的形状并将储存的能量降至最小。19 世纪中叶，相关英文著作获得发表，卡斯提利亚诺（1879 年）发现了利用能量原理对弹性结构求解的完整方法。卡斯提利亚诺提出了后人以其名字命名的有关桁架结构的定理，并将自己的成果扩展到梁和砌体拱。

如果一个结构是超静定的，承受特定的外载方法有许多种（实际上有无穷多种），结构的实际弹性状态将使储存的弹性能达到最小。当然，根据卡斯提利亚诺的定理，可以在某种程度上将结构视为有生命的，通常来说，结构自身会选择处于一种受应力最少的状态。实际上，这个定理是卡斯提利亚诺的第二个定理，其第一个定理通过验算储存的应变能将荷载与结构的位移联系起来，而第二个定理则是从第一个定理推导出的。

通过这种方法采用能量，可以利用纳维的方法直接建立方程，然而分析人员不必为了推导这些方程而再次研究变形复杂的几何问题。虽然可以克服分析过程中的一部分困难，但是有待求解的方程数量仍然很庞大。至 1880 年以前，数量充足的各种方法可用来建立处理结构弹性性能的方程，此后，分析人员的注意力逐渐转移到如何求解方程——是采用近似的数值方法还是采用图解法亦或针对模型进行间接测试？虽然理论不够完美，例如弹性压屈仍是亟待解决的难题，但 20 世纪前半叶的理论工作主要集中于完善和简化这些近似的方法。

随着电子计算机的发明，这些进展终止于 20 世纪 50 年代。结构的弹性分析的数学方法已经用简洁的专业术语来表达，例如 19 世纪的方程可以被书写成矩阵的形式。现在计算机可以处理这些成组的数值资料，19 世纪的方程可以获得精确答案，或者至少答案能达到工程师希望的近似程度。工程师只须在计算机中输入对该结构的描述内容，如总体形式、与基础的连接点、构件的尺寸、材料性能等，并说明结构即将承受的荷载；然后，计算机就会打印出结构内力和相应的应力数值，从而证明设计的安全性。如果该分析证明结构在某一方面的条件有所欠缺，那么计算机程序能够自动修改设计条件，例如改变构件的尺寸，直到满足设计原则。

尽管这些方程最终能够被求解，但答案的表达形式可能并不充分，或者这些答案不能以一种有意义的方式来表现结构的实际性能。显然，研究人员没有考虑这个事实。

第7章 塑性理论

在那些理论尚未得到完善的领域，实验一直影响着科学理论的发展，它们也许会揭示出尚未发现的性能，然后将之提供给相关的分析研究。因此，虽然可以进行诸如钢构件连接的设计或混凝土配筋的放置这类难题的分析，但真实的试验结果才最具启发性。的确，若没有实验的推动，在这些领域内的设计是不可能取得进展的。

对主流结构的分析是否需要做实验不做强制要求。纳维的解析法在逻辑上和自我证明上都被证明是正确的，它被 19 世纪的工程师们采用并加以完善。证实这个理论的实验会是多余的——如果试验与理论之间存在偏差，这只说明试验没有做好。因此，在马里沃特完成固端梁的试验（17 世纪）之后的 200 年间，没有人再次对其进行实验验证。马里沃特的实验拥有真正的重要发现——固端梁的破坏强度是其相对应的简支梁的两倍。在此期间，科研人员的确针对材料力学问题做了实验，如伽利略悬臂梁的破坏强度，但只有将这些结果应用于超静定结构的孤例。不管怎样，在 1826 年以后，结构的破坏强度不再是分析的目的。纳维已经明确指出，结构中的最大应力不能超过材料极限应力的一定比例，结构分析应关注于如何确定结构的最危险截面并计算该截面处的弹性应力。

根据简化“纳维”理论：在均布荷载作用之下，固端梁端部的弯矩（及相应的应力）是梁中间处弯矩值的两倍。因此，对设计而言，梁的端部是危险的。1914 年，考尔岑在匈牙利对端部嵌固在巨大的台座内的钢梁进行了试验。实验的初衷并非证明理论成立与否，而是针对实际的端部情况确定嵌固是否可被看作完全的刚性，如果不能，便可以假设固定的程度。

当荷载被稳定地施加到试验梁上后，屈服首先发生在端部，该结果在预料之中。然而，梁可以继续承担进一步的荷载，直至荷载增加到一定程度时挠度才变得很大。当卸载时，我们会发现每根梁的端部和中间部分均会产生永久性的折裂变形，考尔岑将这些“折裂”称为铰。他指出，当一根固端梁经受较大的不受约束的挠度且直到三个塑性铰形成之前，它不会发生倒塌。两个端部的铰只是将一根固端梁变成端部形成简支的梁，该梁作为一种结构仍具有可行性；如果要发生倒塌，必须在中间部分出现第三个铰。而且，考尔岑观察到，端部的固定程度与倒塌现象的发生没有必然联系，如果嵌固强度足够，这些铰就能出现。因此，如果要说有什么令人惊奇之处，那就是对实验已经发现的问题给出了一个重要的答案。

根据实验观察的结果，考尔岑迅速得出结论：一根“固端”梁的强度总是其相对应的简支梁的两倍。而且，梁的端部也不是纳维意义上的“固定”，即梁端部的斜率不是恰好为零——这又是一个很重要的发现。因此，这个精确的几何约束更适用于笼统的陈述：为了梁的强度能够得到充分的发展，端部的约束力必须足够强大。

1936 年柏林会议

对于加载超出弹性范围而进入“塑性”范围的结构的研究中断于第一次世界大战，在 20 世纪 20 年代重启该项研究工作，主要集中在中欧的一些国家，如德国、波兰、奥地利以及瑞士和法国。结构工程师们已经建立了一个国际论坛——国际桥梁和结构工程协会，1932 年在巴黎召开了第一次会议，接着又于 1936 年在柏林召开了第二次会议，而该次会议中的 8 篇关于塑性理论的论文组成了论文集的一个专栏。这些论文关注于结构倒塌状态，即极限强度。正如伽在图（a）中，工字形钢梁两端呈简支，承受沿梁长均布的荷载。当荷载值缓慢增大时，靠近梁中心位置的材料发生屈服，超出弹性范围而进入塑性状态，见图（b）。当中间截面完全变为塑性时会形成塑性铰，示意图（c）显示的机构表明，在倒塌荷载 W 的作用下能够出现不受约束的挠度。

图（d）表示端部被嵌固在很强的台座中的工字形截面梁。当荷载慢慢增加，钢梁两端形成塑性铰，见图（e）。然而，图（f）展示的并非倒塌机构。荷载必须增加到图（g）中的数值 2W，才能形成图（h）的机构。

不论如何加载，固端梁的倒塌强度总是相应的简支梁的两倍。

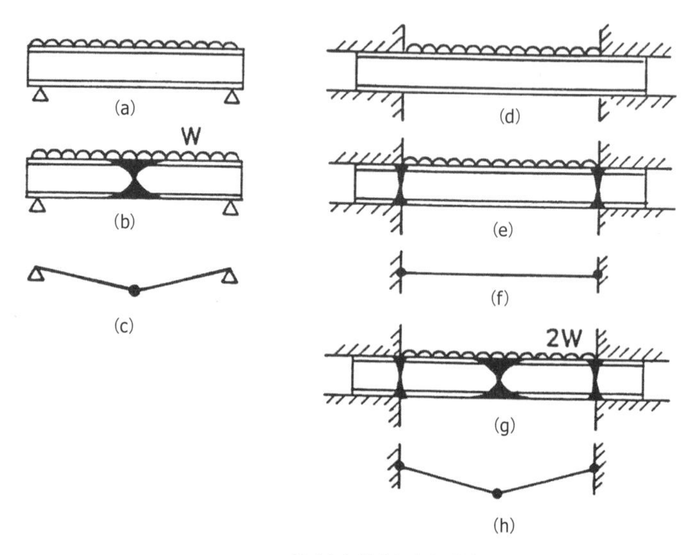

静定与超静定梁中塑性铰的形成

利略专注于静定悬臂梁的破坏强度，现在的主题则变为超静定结构的强度。总而言之，用“历史的”方法对1936年在柏林研讨的结构问题进行验证：获得“纳维”的弹性解，再对该答案进行修正，从而令塑性性能适应不断增加的荷载直至倒塌。20世纪30年代的工程师们以常规的弹性方法为出发点，试图描述结构的实际性能的做法并不令人吃惊。在关键性的实验结束20年后，考尔岑亲自参加了本次会议并大力提倡这一方法。

迈尔·莱布尼茨运用该方法阐释了自己一篇重要实验的论文成果。他通过实验来分析这个最简单的超静定问题，即三个支座上的梁（伽利略的带一个中间支座的大理石柱），或是纳维分析的连续梁。一组试验共分三次，迈尔·莱布尼茨将梁倒塌之前不断进行加载，首先在第一个实验中将三个支座置于同等标高处；在第二个试验中，中间支座高度被稍微放低；在第三个试验中，中间支座高度被抬高。针对三种支承方式分别求出“纳维”解，它们彼此间的差异很大。的确如此，在第三个试验中，迈尔·莱布尼茨将中间支座调整的高度位置恰好对应屈服的发生点，从而令“纳维”原理能够阻止对该梁施加任何荷载。实际上，迈尔·莱布尼茨发现，每一根梁的倒塌荷载数值均相同。

他轻易地证明了这种看似异常的结果是如何产生的。当梁上的荷载增加时，材料超出弹性范围而进入塑性范围，所以应力原有的弹性分布被重新分配，直至发生倒塌状况时所需的塑性铰的形成（就像考尔岑20年前已经发现的那样，固端梁两端和中间的塑性铰是倒塌的必要条件）。延性结构的最终强度是由它的塑性性能决定的，不受偶然的或刻意的变形，或任何其他的施工缺陷的影响。

图中所示为二维平面桁架。图（a）不能被称为结构，杆与杆之间、杆与基础之间均为铰接，形成一个不能承受任何荷载的机构。在图（b）中增加了一根杆，形成一个刚性的三角形结构。如果任何一个构件的长度稍有误差，在没有应变的情况下仍然可以自由地组装结构，虽然形状可能不太准确，但肉眼看不出差别。与此相比，图（c）的桁架是超静定的，如果任何一根杆的长度出现误差，那么在安装过程中，桁架中的所有杆件都将处于应变状态。在没有外部荷载的情况下会出现自应力的情况是超静定结构的特点。

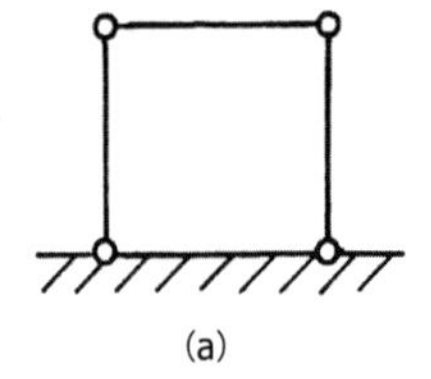
(a)

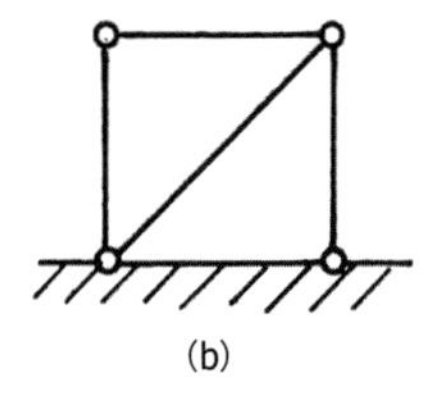
(b)

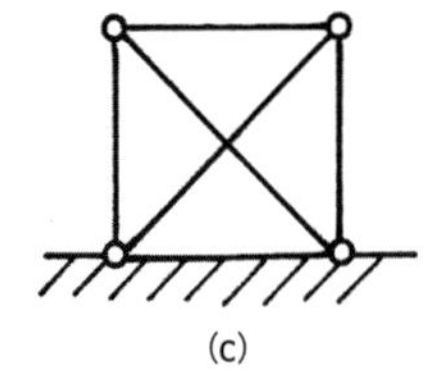
(c)

三维平面桁架

在一篇具有重要意义的理论性论文中，F. 柏拉希继续研究关于缺陷的问题，如基础的沉降或因为粗糙的制作而组装拼凑构件等一系列现象。他指出，即使超静定结构不承受外部荷载，这样的缺陷也会使该结构始终处于一种应力状态。然而，屈服发生前的每个构件都只有有限的承载能力，如果以初始应力状态为始发点，屈服发生的时间无论早晚，结构最终会达到相同的极限状态——当材料进入塑性范围时，初始弹性应力被“抹去”。考尔岑（或迈尔 · 莱布尼茨）梁中的三个塑性铰具有已知的全塑性弯矩值，这是最后决定整体强度的唯一因素。（柏拉希指出结构不同部分之间的温度差会导致类似于由物理缺陷引起的那种自应力状态，这些也不会影响最终的结构强度。）

事实上，对自应力的讨论是开始于柏拉希已经对结构设计的塑性方法作了若干重要的论述后。首先，他抛弃了弹性应力计算值的安全系数的思想，取而代之的是确定工作状态下的结构的最不利截面，整体设计基于不利截面的应力。柏拉希研究了在外部荷载不断增加时假想结构的倒塌现象。他引入荷载系数的概念，将之定义为倒塌荷载与规定的设计使用荷载的比值。假想结构中的使用荷载（自重、楼面荷载、风压，等等）都是按比例增加的，直到产生大的挠度而发展足够的塑性，例如当考尔岑梁倒塌时所产生的大挠度。实际上，柏拉希赋予荷载系数另一种表达方法：假定荷载并不增加，而是采用使用荷载的设计值进行设计，但材料的屈服应力按荷载系数值降低。以荷载系数 2 为例，虽然设计的假想结构将在给定荷载作用下发生倒塌，但实际建成的结构强度要翻倍。

其次，柏拉希定义了塑性设计理论所需的材料性能——如果欲使该方法有效，那么在弹性应力—应变关系之后必须跟随着在塑性极限时的无穷大的变形。

在这种情况中，“大”是一个相对的而非绝对的措词。前文已经提到，1m 长的低碳钢在伸长大约 1mm 时将达到自身的屈服应力；钢筋直到伸长大约 250mm 或以上才会断裂。如果断裂时的伸长值减小一个数量级，譬如 25mm，那么使用中的材料会呈现出足够的延性。实际上，材料必须具有延性，正如结构低碳钢或锻铁表现出的性能，或者如钢筋混凝土经受较大变形而避免灾难的发生。另一方面，铸铁或玻璃等脆性物质实在是糟糕的结构材料，即便能够将玻璃构件完好地安装在建筑框架中，在加载初始阶段结构也一定会遭到灾难性的破坏。

柏拉希最终完全摆脱了常规的弹性计算方法。他证明以下方法缺乏必要性：计算结构在一组设计荷载作用下的弹性性能，然后再修正当荷载被（假想地）增加到倒塌状态时的数值。平衡方程本身有无穷多种可能性答案，例如，在压力线的位置变化范围很大的情况下，巴罗的楔形石拱模型都可以保持稳定。在众多答案中，纳维的弹性解也都能满足应力—应变关系和边界条件——要同时满足这三类方程令获取弹性解的过程显得非常复杂。然而，柏拉希表明这些平衡方程式的建立较为简单，且其中任何一种都可以视为塑性计算的起点，可以直接考虑倒塌状态而不需详细考虑假想的使用荷载增加的情况。

J. F. 贝克

在工业建筑、大型商业建筑和住宅建筑中钢材的使用不断增加的背景下，1936 年召开了柏林会议。在 20 世纪初期出现了根据弹性理论设计的钢框架结构，它们被编入实用规范以此减轻工程师们的压力。目前全世界普遍采用了类似的规范，虽然这些规范在基本原理上是一致的，但涉及细则的部分却不尽相同。举一个简单的例子，英国的建筑条例由地方当局掌控管理，但在爱丁堡、格拉斯哥、纽卡斯尔等地，关于楼面荷载的规定则是不同的，而伦敦市政议会又给出了另一个范围内的数值。

1929年，英国钢铁业成立了钢结构研究委员会（SSRC，以下简称委员会），目的在于令实用的钢结构设计变得更加有序。委员会的成员包括著名学者、政府研究机构的官员以及咨询和承包行业的主要代表。该委员会任命J. F. 贝克（以后称约翰·贝克爵士，然后称温德拉什贝克勋爵）为全职的技术官员，他的任务是收集技术资料、撰写或委托理论研究论文的写作、监督实验证据的收集。该委员会的成果被收入三卷本的论文，并先后于1931、1934和1936年出版。

这些论文展示了1936年英国对结构设计过程的理解水平，就像在同一时期出版的贝克（与A. J. 萨顿·皮帕德合著）的教材一样。设计和分析是完全的弹性过程，可利用的工具包括麦克斯韦的互等定理和卡斯提利亚诺的能量定理等。以上这些都属于19世纪的分析方法，不过梁和柱的连接（即受到轴向荷载和弯曲荷载的作用，可能会以“欧拉”方式压屈的构件）处理可能是一个例外。该方面理论的进步对于钢框架建筑中的柱梁设计十分重要。

然而，委员会对结构设计问题的突出贡献体现在实验工作中。20世纪30

年代新建了许多钢结构建筑，该委员会对一些建筑进行了测试，包括一座九层高的旅馆大楼、一幢办公建筑和一批公寓。这是第一次测量实际结构中的应力——对适宜的应变计的开发是这项工作的一个重要部分。详细的试验结果获得公开发表，结果中包含了大量的分析，可以简单地概括为：在试验的建筑中测得的实际应力与设计者采用已有的弹性方法计算所得的应力之间几乎反映不出任何联系。

原因很快被找到——细微的、不可预测的制作和安装的误差足以令弹性计算结果失效，因为弹性计算对几何缺陷或匹配度非常敏感。虽然委员会极力推出一些设计规范，例如须考虑钢构件之间连接的柔性等，《设计最终建议》（*Final Recommendation for Design*，1936 年）发表时，贝克清楚地知道，其中仍然存在很大的缺陷。而且，这些规范只适用于最简单的梁和柱的布置，不能适用于更为复杂的建筑结构中。从某种意义说，就像当时人们所认为的那样，贝克与皮帕德所写的这本教材只是结构分析的最终说明，因为它没有提供进步和发展的可能性，似乎与结构设计用途无关。

由于对结构可能存在各种缺陷的事实缺乏了解（的确没有办法指出那些缺陷可能是什么），弹性设计中的假定结构是理想化的，即支座是刚性的、梁与柱是完全协调的等。在纳维的悬臂梁案例中，构建弹性设计的工程师假定在一端的嵌固是理想刚性的，在另一端的支承恰好保持在相同的标高。在梁的任何一端若发生轻微的位移，都将完全改变弹性应力分布。

弹性计算适用于理想结构状态，不适用于任何实际的结构。然而，尽管钢框架反应的测试结果与预测的相差甚远，但弹性设计的假定似乎的确是合理的。

根据以往的常识，人们认为轻微的缺陷不会真正地影响结构的强度。常识在这种情况中是正确的，弹性应力的计算与强度预测无关的结论解决了这个矛盾。在延性材料组成的实际结构中，其强度与弹性应力是否达到某个限值无关；该强度取决于极大变形的稳定发展。纳维的方法形成于100多年前，并在20世纪发展为科学知识的组成部分，但它竟无法解决实际的设计问题。

结构的极限强度正是国际桥梁与结构工程协会于1936年召开的柏林会议中关于塑性的专栏中所报道的研究内容。如上所述，到会的迈尔·莱布尼茨、柏拉希和其他人员认识到，小的缺陷对极限强度没有影响。贝克在这次会议后去了德国，他遇见了迈尔·莱布尼茨，并从莱布尼茨处第一次了解到塑性的概念，以及连续梁的倒塌荷载的试验结果实际上不受支座位移（即委员会规定的缺陷类型）的影响。贝克迅速意识到，结构设计的发展方向是运用塑性概念。

贝克对钢结构的塑性性能进行了深入的研究，该研究始于布里斯托尔（1936年），当时他已经被聘为教授；从1943年起，贝克在剑桥继续从事这方面的研究工作。在短短的10年间，取得了丰硕的研究成果。1948年，英国标准BS 449被修改，补充了一条允许采用塑性设计的条款。（BS 449实际上是SSRC提出的弹性设计规范，作为20世纪30年代工作初期的临时措施。）

贝克研究的重要意义在于它的实验性质。他重复了迈尔·莱布尼茨的连续梁试验，并首次对门式钢架（以后又对多层结构）做了一系列的试验。关于该理论的最为人称赞的应用是莫里森式防空洞的设计，英国的上百万的家庭在第二次世界大战中都设置了这样的防空洞。这种设计的理论依据既简单又复杂，常规的弹性设计难以做到，也的确是难以想象的。防空洞的形状和尺寸像一张餐桌，全家可以在它下面睡觉，在房屋倒塌时，向下挤压的塑性变形不能超过12英寸（约30厘米）。研究人员可以精确地估计房屋倒塌时所释放的能量，并精确地计算出钢材发生塑性变形所吸收的能量。防空洞的设计建立在二者相等的情况下。

虽然有了这种能量计算，贝克将梁和框架的塑性分析仍视作静力学问题。一些简单结构的倒塌或许能够被精确地预测，例如考尔岑的固端梁在梁的端部和中间形成铰的情况下才会发生倒塌。知道了铰处的抵抗弯矩值后很快就能解决这个静力学问题——倒塌时超静定结构成为静定结构。例如，在一个假设的嵌固端，弹性分析将梁的斜率为零和挠度假设。这种几何约束不可能满足现实情况—— 各种“缺陷”使得弹性分析的答案无法贴切地描述实际性能。然而，在发生倒塌现象时，斜率为零的不现实条件被精确的静力学数值条件取代——塑性抵抗弯矩值融入了方程。

虽然没有任何实际的数学原理来支持结构塑性分析的静力学方法，但即使面对复杂的钢结构建筑的设计，这种方法显得绰绰有余。至少从实用的观点来看，许多附带的问题得到了成功的解决。例如：剪力和轴向荷载对塑性铰形成的影响，或在弹塑性范围内趋于压屈的柱的性能。从1936年贝克的一个灵感发展到正式获批的设计方法，只用了大约10年的时间，这是一个非凡的成就。然而，针对每个或每种结构类型都要进行单独的处理，因为此时的贝克（1948年）还不知道基本的塑性理论。

“安全”定理

在1936年柏林会议发表的论文明显试图建立基本的原理。然而，第二次世界大战紧随而至，这极其动荡的年代中断了研究的进一步发展。该次会议上的几篇论文与 W. 普拉格的著作有关，不过他本人对论文集没做贡献。同其他人一样，普拉格不久以后离开德国，于 1941 年在美国布朗大学成立了应用数学系，继而在塑性理论和其他领域取得了显著的理论进展。在 1936 年，俄国人 A. A. 格沃兹杰夫向会议提交了一篇论文，直到 1938 年，俄国科学院才在莫斯科和列宁格勒出版了这篇论文。该论文并未引起包括俄罗斯在内的世界学术界的关注。大约从 1948 年开始，普拉格才知道了这部著作以及关于塑性理论原理的其他论述，他在 1949 年和自己的同事共同提出基本定理的证明，并对俄罗斯科学家的原作表达了深深的谢意。

格沃兹杰夫论证的数学定理为贝克的工程塑性进展提供了严谨的学术背景。首先，格沃兹杰夫十分清楚理论获得成立的假定条件。在一系列条件中，最重要的是材料的延性——柏拉希在柏林急切地单方面宣布了该条件的存在。结构变形的增大最初可能伴随着应力比例地增加，但当达到极限时，可能会发生应变无穷增大而相应的材料抗力没有任何下降的现象。最重要的，不仅结构的各组成部分必须呈现延性，结构的整体也必须呈延性。这意味着，当存在任何不稳定的因素时，格沃兹杰夫证明的基本塑性定理要被谨慎地应用。例如，即将压屈的柱子不能承受引起不稳定现象的外部荷载；当柱子产生位移而荷载显著下降时，即使该结构构件材料是低碳钢，此时它实际上也是“脆性的”而非“延性的”。

格沃兹杰夫指出，即使整体结构和局部构件满足延性的基本要求，最多也只能列出三种方程。该内容与纳维在结构弹性理论教材中的论述相似。

首先，必须满足平衡方程。结构内力必须与施加的外部荷载相平衡。超静定结构方程通常有无数个解答；只有当结构为静定时，解答才是唯一的。

第二，必须满足屈服条件。所有内力均不得超过材料已知的屈服极限。

第三，在结构倒塌时必须存在一些变形的机构。以考尔岑的固端梁为例，在端部和中间的塑性铰将允许较大位移的产生，复杂的结构对应的机构也更加复杂。

格沃兹杰夫采用以上三种不同的条件证明了三个定理。基本的定理是唯一性定理，如果同时满足所有的条件，那么根据方程解出的倒塌荷载具有明确的和可计算的数值。贝克的工程理论成果基于这三种方程，格沃兹杰夫的唯一性定理证明贝克计算的倒塌荷载是正确的，不可能存在计算出不同倒塌荷载数值的其他方式。

格沃兹杰夫建立的三种条件没有涉及结构的任何初始状态。由于具有前文提到的那些缺陷，结构在加载前可能处于自应力状态。这些缺陷包括：为了校正微小误差而在制作时迫使构件联结在一起；支座的沉降或台座中少许“弹性”（像在假定的固端梁的端部）；在具有相同作用但略有差异的情况中，构件在连接处被牢固地拴接在一起，设计者将其视作一个单“铰”。不论这种自应力状态如何产生，都不会影响倒塌荷载数值的唯一性和确定性。

目前已经证明，格沃兹杰夫为了确定结构的倒塌荷载而阐述的第二个定理——不安全定理，在提供结构的分析方法方面具有价值。如果研究的关注点只是倒塌机构，就不需要满足平衡条件的要求，也不必满足结构各处的屈服条件，即便如此，仍然可能计算出倒塌荷载值。然而，该值是不安全的，因为在设计者看来，计算出的结构强度值要大于真实值。

格沃兹杰夫的第三个定理——安全定理，奠定了结构设计理论的基石。如果工程师能在结构内部找到一组与外部荷载相平衡的力，这组力不违反屈服条件（即满足格沃兹杰夫的前两个条件，但不考虑存在一个破坏机构的要求），那么结构上相应的荷载值就是倒塌荷载的一个安全的估算值。实际上，结构能够承受比估算值更大的荷载。

简单地表述该定理：如果设计者能找到一种方式，使结构在特定荷载的作用下不被破坏，那么此结构是安全的。表述的重点基于以下事实：如果设计者能获得一种方式（该方式可能不是现实中结构所呈现出来的），那么这种结构就能够成立。设计者没有义务去寻找各种实际的状态。

这个定理解释了为什么根据纳维的方法做出的设计虽然安全但通常较不经济。像20世纪30年代钢结构研究委员会发现的那样，弹性解答可以描述一种实际中不能观测的状态，但弹性解答是无穷多个平衡解答中的一个，在此状态下的结构是安全的。

最重要的，安全定理和塑性理论的许多概念一样，通常被用于解答工程师关注的结构性能问题。试图建立一个能够确定结构是如何承受给定设计荷载的理论看似合理，例如一座工业建筑对风力、设备的重量、吊车荷载等作何反应？一旦结构的实际状态被确定（属于结构力学范畴的分析部分已被完成），可以将注意力放在局部条件上，如根据材料力学确定结构各部分构件的尺寸。然而，20世纪的所有实验工作已经揭示了一个矛盾的事实——与给定荷载相对应的结构的实际状态并不存在。更确切地说，在此时此地，当然会存在一种结构本身成立的状态，但这种状态是暂时的。在大风中轻微的倾斜、基础微小的沉降、在连接处的滑动、温差……所有这些外部影响无论显得多么渺小，但它们将给结构的实际状态带来巨大的变化。

此外，“缺陷”是未知的和不可预测的。根据考尔岑在1914年提出的塑性概念——轻微的缺陷实际上对现实的延性建筑结构的强度没有影响。柏林的研究活动（1936年）支持这一理论，同年又被格沃兹杰夫用数学的方式再次证明，在未来的十年中贝克不遗余力地将其发展完善。这种理论的建立基于钢结构，但事实上却是一个通用理论，可以用于任何由被工程师认为适合在建筑中采用的材料做成的结构。例如，它能够解释一座哥特式大教堂或一个希腊神庙或古罗马的渡槽如何保持矗立——应力低，在塑性定理中可以被简单地解释为砌体内应该满足的力的要求。这是一个几何约束条件：结构的形状必须正确。一旦确立了建筑的形状，中世纪的比例法则将确保该建筑免于不利环境的影响。

当一名体重为600N（大约61kg）的挤奶女工坐在一个三条腿板凳的中心位置时，假定凳子是对称的，每条凳腿承受的荷载是多少？答案当然是200N。

假如挤奶女工现在坐在一个四条腿的方凳上，凳子和荷载也是对称的。每条凳腿应该能够承受多大的荷载？答案是150N？这个结果未必正确。这个牢固的刚性挤奶坐凳若被放在结实的牛棚地面上，会产生摇晃。似乎只有三条腿接触到地面，从而支承着挤奶女工的重量，而第四条腿却不碰到地面。哪怕距离地面的空隙不足毫米，第四条腿中的受力依然是零。简单的静力学能够表明，在第四条腿对角线方向另一条腿的受力也将为零，即使看似是接触地面的。因此，可以假定只有另外两条凳腿支承着挤奶女工，那么每条腿分别承担300N。

可以设想板凳是随机放置，没有办法事先确定哪条腿将会接触地面——因此所有凳腿都必须按照能够承担300N的荷载来设计。

挤奶女工坐凳中每条腿承受的荷载

四腿凳结构是超静定的，但因为只能写出三个平衡方程，所以只能确定静定的三腿凳中的力。纳维寻找到一种可以解决四腿凳问题的方法：必须考虑弹性变形，并确定凳板的弹性性能，正如凳腿的轴向受压能力——问题变得非常复杂。如果用计算机来解决这些复杂的方程，计算的结果为四条腿中的力均为150N。因为计算机会假定(就像采用弹性分析程序的工程师已经做的那样)地面是水平的，所有的腿具有相同的长度。的确，在弹性分析中不可能存在其他的假定，因为将凳子放在粗糙的地面上的方法是不可知的。纳维的方法没有给予凳腿“实际的”荷载。

然而，如果认同了弹性设计，每条凳腿的设计荷载则为150N，以延性的方式破坏。必须采用适当的荷载系数，譬如数值3，即凳腿的实际强度应是计算强度的三倍。对凳子的加载过程进行记录，实验室的试验证明凳腿的强度可达450kN，凳子中间点的荷载从零逐渐增大。通常最初只有两条腿承担荷载，当荷载达到900N大小时，两条腿开始发生变形，此时另外两条凳腿接触地面。随后，荷载进一步增加到1800N，此时全部四条凳腿开始承担它们的“变形荷载”，平均承担450N。

因此，尽管弹性分析预测所有腿的荷载数值均为 150N，在 600N 的总荷载作用下的实验显示两条腿的荷载为零，还有两条腿各承担 300N。但是，在荷载达到全部设计值 3×600N 前，凳腿荷载已经变得相同——现实中的延性和塑性性能补救了弹性分析。

只有当结构呈延性时，这种补救才能发生。结构中不稳定的构件是“脆性的”，如果其中一条凳腿发生侧向压屈而非逐渐被压至变形，那么整个凳子就会倒塌。因此，如果将弹性分析用于设计的理论基础，保持每条凳腿处于稳定状态的设计荷载为 3×150=450N，而设计者认为荷载系数应为 3，所以凳子可以承担一个体重为 1800N 的人的重量。实际上，900N 的荷载可能造成任意两条凳腿受载分别为 450N——这些腿就会发生压屈，而实际的荷载系数 1.5，此数值较为危险，因为凳子在一个 900N 人的重量下就会倒塌。

整个结构设计的最关键的问题——确定存在于任何特定构件（如钢梁的翼缘、摩天楼中的柱、飞机机翼中的纵梁）中的最不利荷载，同时，保证构件的尺寸能够令自身足够强而不可能发生压屈现象。

译文对照表

A

B

译者注：
（1）中文是根据拼音字母的顺序排列，同音字按笔画排列，第一个字相同的，按第二个字排列，以下类推；
（2）中文后的索引页码是文字在全书或章节中首次出现时的页码；
（3）对外国人名，一般根据其中文译名的姓氏排列（例如，“约翰 · 斯米顿”，根据其姓氏“斯米顿”，可以从表中查得其姓名的原文为“John Smeaton”；当然，也能知道其中文译名的全名为“约翰 · 斯米顿”。

C

D

E

F

G

H

J

K

L

M

N

O

P

Q

R

S

T

W

X

Y

Z

译后记

本书基本保持了原著的章节结构和体例；但用“译文对照表”代替了原著中的“索引”（Index）部分。这主要是考虑到以下两个因素：第一，原作中包含大量的人名、地名，如果按常规的做法在正文中将其译成中文并注上原文，似乎影响阅读的连贯性；第二，有些专业术语的中、英文并不是严格地一一对应，为了解决理解上的歧义，有些读者可能需要知道它们的原文。在正文后附上“译文对照表”可以解决上述问题，而原作中“索引”的功能则在该表中一并考虑。

书中少量插图的标题为译者所加。

译者没有针对原文加以任何理解性的注释；只有少量必须注释之处，例如针对原著中的印刷错误等。译者之所以没有针对原文加以任何理解性的注释是基于这样的认识：在当今的网络时代，在对知识的获取机会上，读者和译者应该是相等的，但大家的知识储备和阅读兴趣点各异，增加过多的注释可能反而会剥夺一些读者自己探究知识的乐趣。

本书是一本关于结构理论和历史的概论性图书，其中涉及很多知识点，但篇幅有限，不可能深入地讲解。对于结构工程专业的读者，显然还应该阅读更多专业性的图书。对于非结构工程专业的读者，完全可以用轻松的心态阅读本书，也许你不能百分百地看懂本书，但这并不影响你从中获得一些精神上的愉悦和满足——这本书耐人寻味。好了，请再回到本书的开篇，跟着来自英伦的雅克·海曼教授走吧。

图书在版编目（CIP）数据

西方建筑结构七讲 / (英) 海曼 (Heyman,J.) 著 ;
周克荣译 . -- 上海 : 同济大学出版社 , 2016.6
（倒影）
ISBN 978-7-5608-6320-7

Ⅰ . ①西… Ⅱ . ①海… ②周… Ⅲ . ①建筑结构
Ⅳ . ① TU3

中国版本图书馆 CIP 数据核字 (2016) 第 101683 号

西方建筑结构七讲
The Science of Structural Engineering

[英] 雅克 · 海曼 著　周克荣 译

责任编辑　常科实　　责任校对　徐春莲　　装帧设计　张　微

出版发行　同济大学出版社 www.tongjipress.com.cn
（地址：上海市四平路 1239 号　邮编：200092　电话：021–65985622）
经　　销　全国新华书店
印　　刷　上海安枫印务有限公司
开　　本　889mm×1194mm　1/32
印　　张　4.75
字　　数　128 000
版　　次　2016 年 6 月第 1 版　2016 年 6 月第 1 次印刷
书　　号　ISBN 978-7-5608-6320-7
定　　价　48.00 元

本书若有印装问题，请向本社发行部调换